## E-Book inside.

Mit folgendem persönlichen Code erhalten Sie die E-Book-Ausgabe dieses Buches zum kostenlosen Download.

a4xw6-p56r4-
01800-u01vz

Registrieren Sie sich unter
**www.hanser-fachbuch.de/ebookinside**
und nutzen Sie das E-Book auf Ihrem Rechner*, Tablet-PC und E-Book-Reader.

* Systemvoraussetzungen:
Internet-Verbindung und Adobe® Reader®

Dietmar Straub
Frank Kuhnecke
Torsten Kirchmann

# CHANGE MANAGEMENT: DAS ZUGVOGEL-PRINZIP

Notwendige Veränderungen erkennen
und gemeinsam umsetzen

HANSER

MIX
Papier aus verantwortungsvollen Quellen
FSC® C014889

Bibliografische Information der Deutschen Nationalbibliothek

Die Deutsche Nationalbibliothek verzeichnet diese Publikation in der Deutschen Nationalbibliografie; detaillierte bibliografische Daten sind im Internet über <http://dnb.d-nb.de> abrufbar.


http://www.hanser-fachbuch.de

Lektorat: Lisa Hoffmann-Bäuml
Herstellung: Thomas Gerhardy
Satz: Kösel, Krugzell
Umschlaggestaltung: Stephan Rönigk
Illustrationen: Malte Belau
Druck & Bindung: Friedrich Pustet, Regensburg
Printed in Germany

ISBN 978-3-446-43818-7
E-Book ISBN 978-3-446-43880-4

# Vorwort

Irgendwann trifft es jedes Unternehmen: Die alten Erfolgsrezepte greifen nicht mehr. Der Wettbewerb hat aufgeholt, die Märkte verändern sich. Die Dynamik lässt seit geraumer Zeit nach und statt des Umsatzes wächst vor allem die Komplexität der eigenen Abläufe. Diese Entwicklung lässt sich auch in den Zahlen ablesen: Erst stagniert das Ergebnis, dann schrumpft es so lange, bis Verluste entstehen. Auf diesem Weg gibt es zahlreiche Möglichkeiten, die Entwicklung wieder in die richtige Richtung zu drehen. Je später ein Unternehmen damit beginnt, desto größer sind die notwendigen Veränderungen.

Wir reden über Veränderungen, die das Unternehmen wieder zurück in die Erfolgsspur bringen. Da reicht es nicht, an der Oberfläche zu kratzen und ein paar halbherzige Maßnahmen einzuleiten. Vielmehr geht es um systematische und zielgerichtete Veränderungsprozesse.

Genau daran scheitern viele Unternehmen. Sie reagieren oft zu spät, erst dann, wenn Verluste keine andere Möglichkeit zulassen. Unternehmensleitungen befehlen Veränderungen von oben, die die Mannschaft nicht nachvollziehen kann und deshalb ausbremst. Greifen die Maßnahmen, dann lässt häufig schon nach den ersten Erfolgen die Anspannung nach – viel zu früh, um die Ursachen wirklich zu beseitigen. Damit ist die Saat für die nächste Krise bereits gesät.

Wir haben im Verlauf der vergangenen Jahrzehnte zahlreiche Veränderungsprojekte erlebt, gestaltet und begleitet. Erst einzeln, dann in verschiedenen Formen der Zusammenarbeit. Auf Basis unserer Erfahrungen in der praktischen Unternehmensführung und der Psychologie haben wir einen Methodenkasten für erfolgreiche Veränderungsprozesse entwickelt und in zahlreichen Projekten verfeinert.

Wenn es darauf ankommt, wenn es ab in den Süden geht oder wieder zurück in den Norden, dann werden aus individuellen Vögeln

Schwärme, denn nur gemeinsam kann das ferne Ziel erreicht werden. Alle Vögel ordnen sich diesem gemeinsamen Ziel unter und verfolgen es konsequent – die Grundvoraussetzung eines jeden erfolgreichen Veränderungsprojektes! Zugvögel schaffen es quasi „automatisch", was für Menschen scheinbar so schwierig ist. Was liegt also näher, als hier Zugvögel als Vorbilder zu wählen und das gleiche Prinzip wie Zugvögel zu verfolgen?

Dieses Buch nutzt die Analogie zu Zugvögeln und ist eine praktische Anleitung für das rechtzeitige Anstoßen sowie Durchsetzen erfolgreicher Veränderungsprozesse – mit dem ausdrücklichen Anspruch auf Lesevergnügen.

Aschaffenburg, Herbst 2013

*Dietmar Straub*
*Frank Kuhnecke*
*Torsten Kirchmann*

# Inhalt

# 1 Was wir von den Zugvögeln lernen können

Das Zugvogel-Prinzip ist ein systematischer Ansatz zum Strategic Performance Improvement. Als Inhouse-Methodik nutzt es das im Unternehmen vorhandene Wissen, um Ziele logisch nachvollziehbar zu definieren und die Maßnahmen zur Zielerreichung mit eigenen Mitteln zu finden und umzusetzen. Das systematische Strategy Alignment gewährleistet eine hohe Akzeptanz innerhalb des Unternehmens als Voraussetzung für eine erfolgreiche Umsetzung. Das Zugvogel-Prinzip umfasst darüber hinaus ein Instrumentarium, das eine ausgeprägte Execution Excellence durch ein zukunftsgerichtetes Reporting absichert. Soweit die Management Summary. Von nun an geht es auf Deutsch weiter.

Aufschwung, Boomphase, Abschwung und Rezession – Frühling, Sommer, Herbst und Winter. Konjunkturzyklen sind wie die Jahreszeiten. Es kann auch einmal milde Winter und verregnete Sommer geben, aber der Rhythmus ist stets der gleiche. Dennoch verhalten sich viele Unternehmen immer wieder so, als ob der Sommer ewig währt. Schlimmer noch, sie ignorieren den Herbst und sind überrascht, wenn der erste Schnee fällt.

Die Hersteller von Solarzellen und -modulen schwelgten 2011 noch in Euphorie, um schon 2013 am Abgrund zu stehen. Hatte kein Manager gesehen, dass es ein künstlicher, einzig von staatlichen Subventionen geförderter Boom war und dass asiatische Hersteller zu einem Bruchteil der Kosten produzierten? Wie konnte der Fernsehhersteller Loewe über drei Jahre Verluste schreiben, ohne seine Premiumstrategie infrage zu stellen? Wie konnte die Praktiker-Baumarktkette glauben, mit der Billigstrategie „20 Prozent auf alles – außer auf Tiernahrung" ein überlebensfähiges Geschäftsmodell zu haben, während sogar die eigene Tochter Max Bahr mit einer entgegengesetzten Strategie viel erfolgreicher war? Warum werden Veränderungsprojekte nicht rechtzeitig initiiert? Warum laufen Unternehmen scheinbar blind ins Verderben?

Wenn wir von Unternehmen sprechen, dann meinen wir die Unternehmensleitung mitsamt der Führungsmannschaft. Aus unterschiedlichen Perspektiven – praktischer Unternehmensführung auf der einen Seite, Psychologie, Kommunikation und Coaching auf der anderen Seite – lassen sich hierfür folgende immer wiederkehrende Muster identifizieren:

- Unternehmen bauen Illusionen und Mythen auf, die sie daran hindern, sachgerecht auf externe Veränderungen zu reagieren. Dieses offizielle Selbstbild hindert sie, auch dann Veränderungen durchzusetzen, wenn die Führungskräfte in Einzelgesprächen die Probleme exakt und übereinstimmend benennen.
- Die finanziellen oder organisatorischen Ziele werden von außen oder von oben vorgegeben, aber die Führungsmannschaft kann und will die Logik dahinter nicht verstehen. Sie wendet vielmehr erhebliche Energien dafür auf, nachzuweisen, dass diese Zielvorgaben weder erreichbar noch sinnvoll sind. Gleichzeitig weckt die externe Zielvorgabe Widerstände, die den Veränderungsprozess ausbremsen.
- Aufgefordert, Maßnahmen für den Veränderungsprozess zu entwickeln, schlagen die Führungskräfte nur bewährte, sichere Ideen vor. Radikale Ideen kommen erst gar nicht auf den Tisch.
- Das Unternehmen hält genau an den gewohnten Verhaltensmustern fest, die zu den aktuellen Schwierigkeiten geführt haben.
- Es mangelt an Disziplin in der Umsetzung, und komplexe Berichtsformate erleichtern es Managern, Ausweichbewegungen zu machen, anstatt Ergebnisse zu liefern.
- Unklare Verantwortlichkeiten verwischen die klare Beziehung zwischen Person und Zielerreichung.

Diese Muster entstehen und weiten sich aus, wenn das Führungsteam nicht hinter dem Ziel und der Methodik des Veränderungsprozesses steht, wenn kein Alignment besteht. Für diesen englischen Begriff gibt keine auch nur halbwegs elegante deutsche Entsprechung. Die

Ausrichtung auf ein gemeinsames Handeln und ein gemeinsames Ziel soll daher als vorläufige Erklärung an dieser Stelle genügen.

## ■ Alignment

Erfolgreiche Veränderungsprozesse erfordern zwingend ein Alignment des Führungsteams – das ist die zentrale These des Zugvogel-Prinzips. Der Begriff „Zugvogel-Prinzip" entstand bei einem Alignment-Workshop. Einer der Teilnehmer redete sich aufgebracht seinen Frust von der Seele: „Wie kann es sein, dass ziemlich dumme Graugänse einen Shuttle-Service Schweden–Afrika hinkriegen und die ganze Zeit über in der gleichen Formation fliegen? Und wir, die wir uns für so intelligent halten, legen andauernd in Besprechungen eine gemeinsame Richtung fest, und keine drei Stunden später laufen wieder alle wie ein Hühnerhaufen in verschiedene Richtungen. Das kann es doch nicht sein."

**THESE:**

*Alle Führungskräfte müssen sich einig sein und das gemeinsame Ziel gemeinsam verfolgen. Nur dann können Veränderungsprojekte erfolgreich durchgeführt werden.*

Zugvögel organisieren sich zu Schwärmen. Unter großem Gekrächze und Gezwitscher sammeln sie sich, steigen auf, üben den Formationsflug und lassen sich wieder nieder. Jedes Mal, wenn Neuankömmlinge dazustoßen, steigt der Schwarm erneut auf und bringt die Neuen „auf Linie".

Das Zugvogel-Prinzip unterstützt Führungsteams, gemeinsame Ziele und Bewertungsmaßstäbe zu entwickeln – und sich daran zu halten, als Grundvoraussetzung für erfolgreiche Veränderungen. Das kann nicht einfach von oben befohlen werden. Übrigens auch nicht bei den Zugvögeln: Nur scheinbar bestimmt das Leittier an der Spitze die Richtung, und die Anderen folgen bedingungslos. Der neuere Stand der Forschung zeigt vielmehr, dass sich die Leittiere an der Spitze abwechseln. Das funktioniert nur, weil alle Zugvögel des Schwarms das gleiche Ziel verfolgen.

Während die Zugvögel den Sommer als Pärchen verbringen, bietet ihnen der große Schwarm Schutz und viele andere Vorteile auf dem gefährlichen und entbehrungsreichen Weg in die Winterquartiere. Gemeinsam entwickeln sie Verteidigungsstrategien gegen Raubvögel, gemeinsam entdecken sie Nahrungsquellen und geeignete Rastplätze. Sie entwickeln Ansätze von Schwarmintelligenz – auch das brauchen erfolgreiche Veränderungsprozesse in Unternehmen. Nur in einem Klima, das Kreativität fördert und Scheitern zulässt, können ungewöhnliche oder radikale Ideen durchschlagende Wirkung zeigen.

## Omertà-Dilemma

Die meisten Führungskräfte spüren fast schon instinktiv, dass Stillstand eingetreten ist. Sie sind unruhig, weil sie die Zeichen richtig deuten: nachlassendes Wachstum, steigende Kosten und erodierende Margen, eine gewisse Routine und unambitionierte Ziele. In der Praxis klafft aber eine Lücke zwischen dieser intellektuellen, individuellen Einsicht und einem gemeinschaftlichen Handeln. Wie kann das passieren?

Das kennen Sie doch aus Ihrem eigenen Umfeld. Sie unterhalten sich mit einem Studienfreund, der bei einem anderen Unternehmen arbeitet, und er schildert konkret, was in seiner Firma nicht richtig läuft. Er benennt genau die Probleme: Die Entwicklung liefert keine Innovationen, Entscheidungen ziehen sich hin, und die gesamte Organisation ist zu träge für den Markt. In der Regel können Sie nachlegen und die Defizite im eigenen Unternehmen klar analysieren. Der Vertrieb lässt sich auf zu viele kundenspezifische Varianten ein, und im Marketing herrscht Fantasielosigkeit.

Am nächsten Tag, in Ihren Führungskräfte-Meetings, werden Sie und Ihr Studienfreund diese Punkte konsequent – nicht ansprechen. Warum? Nun ja, es würde Sie wahrscheinlich in eine Außenseiterrolle drängen, die nächsthöhere Ebene und die anderen Führungskräfte könnten das als persönlichen Angriff empfinden. Wer will schon ein Nestbeschmutzer sein, derjenige, der den ersten Stein wirft?

Selbst im Privaten kennen wir das. Sie wissen schon jetzt, dass die Eltern das traditionelle Weihnachtsmenü auftischen werden, das Sie eigentlich schon lange nicht mehr mögen. Aber sprechen Sie es wirklich an? Der Verein ist in Ritualen erstarrt, aber jede Kritik würde doch den alten Kämpfern das Herz brechen.

Ob Sie es glauben oder nicht, Sie sind oft nicht der Einzige, dem es so geht. Häufig sind Sie sogar in der schweigenden Mehrheit. Aus zahlreichen Einzelinterviews im Vorfeld von Change-Prozessen wissen wir, dass oft die anderen Führungskräfte genau derselben Meinung sind, das gleiche Unwohlsein verspüren – es aber nicht gegenüber ihren Kollegen im Führungsteam aussprechen.

Daraus ergeben sich paradoxe Situationen, in denen Führungskräfte den unbefriedigenden Jetzt-Zustand wider besseres Wissen verteidigen. Das greift besonders bei Einmischungen von dritter Seite. Beobachten Sie sich selbst, beispielsweise beim Weihnachtsmenü oder anderen Familienritualen. Gerne würden Sie da einiges ändern, aber sobald Ihre heranwachsenden Kinder Kritik üben, werden Sie eben diese Familienrituale mit aller Kraft verteidigen, schon allein, um Ihrem Partner nicht in den Rücken zu fallen.

Ist dieses Verhaltensmuster auf Führungskräfte in Unternehmen zu übertragen? Eindeutig ja! Selbst die kritischsten Führungskräfte verteidigen gegenüber Externen auch bei einer eindeutigen Faktenlage, die Veränderungen objektiv fordert, den gegenwärtigen Status.

**THESE:**

*Führungskräfte spüren früh, wenn das Unternehmen stagniert oder Veränderungen notwendig sind. Sie sprechen es aber intern nicht an und verteidigen häufig sogar den Ist-Zustand gegenüber externen Beratern. Wir nennen dieses Phänomen das Omertà-Dilemma. Schweigen wird zum Wert an sich. Wir werden aufzeigen, wie Sie dieses Dilemma in Ihrem Unternehmen auflösen können.*

Ein Teil der Lösung ist es, das Unausgesprochene auszusprechen. Aber das allein reicht nicht. Erinnern Sie sich an die „Ruck-Rede", die der damalige Bundespräsident Roman Herzog 1997 hielt. „Durch Deutschland muss ein Ruck gehen. Wir müssen Abschied nehmen von lieb gewordenen Besitzständen. Alle sind angesprochen, alle müssen Opfer bringen, alle müssen mitmachen."

Die Rede kam zum richtigen Zeitpunkt und erntete parteiübergreifend, ja selbst in der Mehrheit der Bevölkerung, höchstes Lob. Roman Herzog hatte das diffuse Störgefühl aufgegriffen, dass Veränderungen notwendig waren.

Aber die Einsicht allein reichte nicht, um daraus einen Veränderungsprozess anzustoßen. Deutschland verlor wertvolle Jahre, und erst als die Sozialsysteme vor dem Zusammenbruch standen, startete mit der Agenda 2010 der notwendige Prozess. Diese Verzögerung machte tiefere Einschnitte in kürzerer Zeit notwendig.

Einsicht allein genügt nicht.

Auch in vielen Unternehmen gibt es zum richtigen Zeitpunkt „Ruck-Reden" vom Vorstandsvorsitzenden oder dem Geschäftsführer. Allein, auch sie bleiben oft folgenlos, weil die Führungskräfte nicht mitziehen und die Unternehmensleitung weder genaue Zielvorgaben macht noch konkrete Aktionen anstößt. Das diffuse Störgefühl reicht nicht aus. Erst wenn es sich zum Schmerz, zur persönlichen Betroffenheit steigert, ist die erste Voraussetzung für Veränderungen gegeben.

Würde Einsicht allein etwas zuverlässig verändern, dann hätten Nichtraucherkampagnen durchschlagenden Erfolg. Dann ließe sich Übergewicht durch Lehrfilme aus der Welt schaffen. Die Realität sieht aber anders aus.

## Gemeinsames Ziel und erste Schritte

Wie schaffen es Zugvögel, bei sehr viel geringerer Intelligenz, Handlungsbedarf zu erkennen, ein gemeinsames Ziel anzusteuern und synchron darauf zu reagieren? Im Spätsommer, wenn das Nahrungsangebot am größten und die Brutpflege abgeschlossen ist, beginnen sie, unruhig zu werden. Sie spüren an den kürzer werdenden Tagen, an niedrigeren Temperaturen, dass sich die Rahmenbedingungen ändern.

Den Sommer über sind sie zunächst mit dem Balzen, dem Nestbau und der Brutpflege beschäftigt. Keine Spur von Schwarm. Wenn die Küken flügge werden, beginnt für die Eltern ein fröhliches „in den Tag hinein leben“, während die Jungvögel damit beschäftigt sind, zu lernen, wie sie hungrigen Katzen und Raubvögeln entgehen. Von Schwarm keine Spur. Im Herbst entsteht bei den einzelnen Vögeln aber eine diffuse Unruhe, und sie beginnen, sich zu sammeln, um kollektiv zu handeln.

Sie starten nicht allein in den Süden, denn ohne den Schutz der Gruppe haben sie kaum eine Chance, das Ziel zu erreichen. Zugvögel bilden vielmehr erst kleine Gruppen und bewegen sich gemeinsam. Sie üben den Formationsflug, noch bevor sie das Ziel überhaupt ansteuern. Jeder Zugvogel orientiert sich während der Übungsflüge an seinen Nachbarn. Die gemeinsame Bewegung ist die Initialzündung.

Dabei steht gar nicht das Ziel im Mittelpunkt, sondern die Überleitung der diffusen Unruhe in eine kollektive Aktion.

Was bedeutet das nun für Unternehmen und Veränderungsprozesse? Die moderne Gruppenpsychologie zeigt die wesentlichen Unterschiede menschlichen Verhaltens zu den Zugvögeln auf. Als einzelnes Individuum handeln wir aus Einsicht. In einer Gruppe, gleich ob Familie, Teenager-Clique, Verein oder Führungsmannschaft eines Unternehmens, verleitet der Schutz der Anonymität zu Verhaltensweisen, die wir im direkten Kontakt nicht an den Tag legen würden. Ein Beispiel? Wenn wir allein mit einem Gesprächspartner über ein noch so langweiliges Thema sprechen, würden wir dennoch nicht unser Smartphone zücken und E-Mails bearbeiten. Anders in Meetings, an denen, sagen wir, mehr als sieben Personen teilnehmen. Dort ist die Hemmschwelle erschreckend gering, schnell ein paar E-Mails zu beantworten – und sobald einer damit anfängt, finden fast alle außer dem aktuell Vortragenden eine Nebenbeschäftigung.

Bei Zugvögeln spielt die Schwarmgröße dagegen keine Rolle für das individuelle Verhalten in der Gruppe. Es geht also darum, den Schutz der Anonymität aufzuheben und durch gemeinsame Aktion ein kollektives Verständnis dafür zu entwickeln, welche Verhaltensweisen der Gruppe dienen und welche ihr schaden.

Kollektives Zielverständnis entwickeln.

Das Zugvogel-Prinzip setzt darauf, ein gemeinsames Ziel- und Werteverständnis zu entwickeln, um daraus notwendige Veränderungsprozesse abzuleiten. Erst wenn das erreicht ist, kann das Führungsteam einen ersten Zukunftsentwurf gemeinsam erarbeiten und mit der Umsetzung unmittelbar beginnen.

Es geht in dieser Phase nicht um schnelle Umstrukturierungen oder Personalentscheidungen. Aus der Praxis kennen Sie sicher die Beispiele, in denen ein neuer CEO oder Geschäftsführer erst einmal Handlungsfähigkeit beweisen will und Fakten schafft. Und das, bevor er einen Zukunftsentwurf oder eine klare Strategie entwickelt hat. Das führt in der Mannschaft bestenfalls zu Unruhe, in den meisten Fällen entsteht ein passiver Widerstand, der das Unternehmen lähmt.

Das Zugvogel-Prinzip setzt dagegen darauf, die Betroffenen zu Beteiligten und Treibern zu machen. Dazu müssen sie ein gemeinsames Ziel verfolgen, sonst leisten sie Widerstand, blockieren aus Angst oder Verzögern die Umsetzung aus Gewohnheit. Viele dieser Widerstände verbergen sich unter der „Wasseroberfläche“ und werden in scheinbar rationale Argumentationen umgewandelt, die öffentlich sichtbar sind.

Je größer diese unsichtbaren Faktoren sind, desto höher schiebt sich der sichtbare Teil des Eisbergs nach oben. Die Betroffenen verwenden noch mehr Energie darauf, sachliche Argumente zu finden, warum Veränderungen nicht notwendig sind oder nicht funktionieren werden. Diese Diskussionen auf der Sachebene können ewig dauern, weil die Hinderungsgründe tief im Eisberg unter der Wasseroberfläche liegen. Gerne bestärken sich die Beteiligten zusätzlich in der Illusion, dass der Sommer ewig währt, blockieren aus Verlustängsten oder wollen an alten Gewohnheiten festhalten.

**THESE:**

*Veränderungsprozesse brauchen ein transparentes und von allen Beteiligten akzeptiertes Ziel. Die Methodik der „Dynamischen Lücke“ zeigt logisch nachvollziehbar den Handlungsbedarf auf und gibt ein messbares Ziel vor.*

Ein erfolgreicher Change-Prozess braucht einen klaren Zukunftsentwurf und ein gemeinsames Ziel. Nur so kann einer der größten Schubvernichter für Veränderungen entschärft werden: die ständig wiederkehrende Diskussion darüber, ob das anvisierte Ziel richtig, angemessen und sinnvoll ist.

Veränderungsprozesse brauchen messbare Ziele.

Was dazu noch fehlt? Das Ziel muss eindeutig definiert und messbar sein. Fast jeder von uns hat es bereits erlebt oder wird es noch erleben: Irgendwann haben sich kleine Speckpolster gebildet. Zunächst ignorieren wir das meistens, es ist halt Winter, der Druck in den letzten Monaten war hoch, darum musste der Sport etwas leiden. Oft zeigen sich ähnliche Veränderungen zeitgleich beim Partner.

Ein heikles Thema und der Klassiker für das Omertà-Dilemma. Nehmen wir an, dass Sie sich beide nach einer gewissen Verschärfung des Problems tief in die Augen blicken und sagen: Wir müssten eigentlich abnehmen. Das Omertà-Dilemma ist gelöst, aber passiert dann wirklich etwas?

Wenn sich nach den ersten Schritten schnelle Erfolge einstellen, dann passiert es oft, dass sich die eigentlich Veränderungswilligen entspannt zurücklehnen. „Na also, klappt doch. Zehnmal laufen und zwei Wochen Salat essen reicht, um jederzeit wieder in den grünen Bereich zurückzukehren. Also gehe ich es jetzt ein bisschen langsamer an."

Dieser Jo-Jo-Effekt wirkt oft verheerend und verstärkt das Gewichtsproblem. Wir können uns vornehmen, einen gewissen Body-Mass-Index zu erreichen, ein bestimmtes Gewicht zu unterschreiten und das über einen längeren Zeitraum zu halten. Aber dazu reichen die ersten Schritte nicht, sondern nur eine nachhaltige Veränderung.

Wie machen es die Zugvögel? Sie fliegen ein klar definiertes Ziel an, nämlich ihre Winter- oder Sommerquartiere. Diese Regionen steuern sie unbeirrt an, gleich ob Gegenwind sie verlangsamt oder Rückenwind sie unterstützt. Sie halten nicht im Voralpenland an, weil gerade ein Herbsthoch die Illusion von einem sicheren Winterquartier vorspiegelt. Nein, sie halten an einem einmal beschlossenen Ziel fest. Das klar definierte Ziel spielt also eine entscheidende Rolle für Veränderungsprozesse.

Für Unternehmen hat sich das Konzept der Dynamischen Lücke als ein transparentes und für alle Beteiligten nachvollziehbares Verfahren bewährt, ein belastbares und gemeinsam getragenes Ziel zu entwickeln.

---

Scheingenaue Planungen führen in die Irre.

---

Der klassische Ansatz ist Ihnen vertraut und in Unternehmen weit verbreitet: In diesem Jahr erzielt das Unternehmen einen Gewinn von X. Nächstes Jahr wollen wir einen Gewinn von Y erreichen. Die Lücke beträgt also Y minus X. In kleineren Unternehmen bildet diese statische Lücke oft den Rahmen für die eingeleiteten Maßnahmen. Daraus leitet die Unternehmensführung die Ziele für die Umsatzsteigerung oder Kostensenkungen ab.

Größere Unternehmen gehen etwas komplexer vor. Sie stecken höchst detaillierte Annahmen für Umsätze nach Produkten und Regionen, genaue Ableitungen der Kostenstellenkosten, Materialkosten und sonstiger Einflussgrößen in eine große Gewinn-und-Verlust-Rechenmaschinerie, ihr ERP-System. Das Ergebnis dieser Berechnungen kurz vor Ende des Budgetprozesses ist – Überraschung, Überraschung – oft nicht so wie erwartet. Unter hohem Zeitdruck dreht die Führungsmannschaft eine Zusatzrunde, in der sie kurzfristig Maßnahmen beschließen muss.

Welche Einflussgrößen genau und welche Ursache-Wirkungs-Ketten dazu führen, dass die Lücke nicht wie erwartet geschlossen werden kann, bleibt intransparent. Dieses Vorgehen arbeitet mit Scheingenauigkeit und schafft in der Praxis eine Distanz der Führungskräfte zum Planungsprozess. „Egal, was ich in die Planung hineinspiele, es kommt immer ein anderes Ziel heraus - und ich weiß nicht, warum." Diese Aussage werden gerade in Konzernen viele Führungskräfte sofort unterschreiben.

Beide Ansätze, die statische Lücke und die hochkomplexe Planung, eignen sich nicht, um einen tragfähigen und ambitionierten Zukunftsentwurf zu formulieren, der von allen getragen wird. Hier greift die Dynamische Lücke. Sie berücksichtigt auch externe Einflüsse, um im Zugvogel-Bild zu bleiben, den Rückenwind und den Gegenwind.

Dynamische Lücke gemeinsam erarbeiten.

Die Daten zur Berechnung der Dynamischen Lücke müssen von den Beteiligten kommen: Der Produktionsleiter zeigt auf, wie die Lohnsteigerungen die Herstellkosten nach oben treiben, der Einkäufer steuert die Materialpreisentwicklung bei und der Vertriebschef prognostiziert einen absehbaren Preisverfall bei den eigenen Produkten.

Auf der anderen Seite stehen die erwarteten Umsatzsteigerungen und Rationalisierungseffekte. Die Einflussgrößen für Rücken- und Gegenwind steuern die jeweiligen Führungskräfte selbst bei und verantworten sie auch. In nahezu allen Fällen vergrößert der Gegenwind die Lücke - meist wesentlich stärker als erwartet. Aus eigener Erfahrung wissen Sie außerdem, dass nie alle Ziele, sei es beim Wachstum oder bei den Kosten, erreicht werden. Also arbeitet unser Konzept der Dynamischen Lücke mit einem transparenten und abgestimmten Sicherheitszuschlag, einem Vorhalt, den jeder einkalkulieren muss, der auf ein bewegliches Ziel schießt.

Jetzt haben Sie einen Zielwert für die Lücke, die mit Maßnahmen zu füllen ist, den die Führungsmannschaft gemeinsam erarbeitet hat. Damit gibt es keine Diskussionen mehr darüber, ob das Ziel das richtige ist, sondern nur noch darüber, wie es erreicht wird. Aus einem diffusen Störgefühl wird damit ein konkreter, monetär bezifferbarer Schmerz. Jetzt geht es darum, daraus konkrete Maßnahmen abzuleiten.

Dabei ist es entscheidend, das Momentum zu erhalten und sofort erste Schritte einzuleiten. Sie wollen endlich wieder mehr Sport treiben? Wenn Sie jetzt erst einmal professionell ausgearbeitete Laufstrecken mit optimalem Höhenprofil anfordern, umfangreiche Marktstudien zur neuesten Generation Laufschuhe auswerten und auf das ideale Wetter warten, wird es sehr wahrscheinlich beim Vorsatz bleiben. Ziehen Sie sich Ihre alten Sportschuhe an und laufen Sie sofort los! Die besten Strecken finden Sie schnell, und neue Schuhe können Sie auch noch später kaufen.

## Handlungsbarriere

Wenn selbst Einsicht und das Ansprechen der Missstände nicht ausreichen, gibt es denn dann noch Hoffnung? Sind erfolgreiche Veränderungsprozesse planbar und mit rationalen Mitteln mit der vorhandenen Führungsmannschaft überhaupt durchführbar? Oder praktisch gefragt: Wie können Unternehmen diese Handlungsbarriere durchbrechen, um überhaupt erfolgreich Change-Prozesse anzustoßen?

Psychologen wie Richard Beckhard haben bereits Ende der 1960er-Jahre die Einflussgrößen für Handlungsbarrieren analysiert und beschrieben. Durch gezielte Veränderungen der Einflussgrößen können Organisationen und Unternehmen die Handlungsbarriere durchbrechen. Wir wollen jetzt nicht in die Tiefenpsychologie abgleiten, sondern pragmatisch diese Einflussgrößen verändern, um Veränderungsprozesse in Unternehmen zu starten.

**THESE:**

*Die Bereitschaft von Organisationen für Veränderungen kann berechnet werden. Mehr noch: Sie können durch gezielte Veränderungen der Multiplikatoren und Summanden Veränderungsprozesse ins Rollen bringen und deren Geschwindigkeit erhöhen.*

Die mathematische Beschreibung des Problems „Handlungsbarriere durchbrechen" stellen wir symbolhaft in Form einer Ungleichung dar. Die einzelnen Einflussgrößen können wir quantifizieren und beeinflussen:

$$\text{Schmerz} \cdot \text{Zukunftsentwurf} \cdot \text{erste Schritte} > \text{Angst} + \text{Gewohnheit} + \text{Illusionen}$$

Das Produkt der Faktoren auf der linken Seite muss größer sein als die Summe auf der rechten Seite. Über den Schmerz haben wir gesprochen. Genauso wichtig sind die ersten Schritte.

Erst handeln, dann sehen, was passiert.

Kehren wir noch einmal kurz zu unserem Beispiel mit dem Abnehmen zurück. Sie und Ihr Partner haben das Unaussprechliche ausgesprochen. Die Erfahrung sagt uns, dass Sie sich beide erst einmal erleichtert zurücklehnen. Vielleicht fassen Sie ein paar gute Vorsätze: Wir stellen die Ernährung um. Einer könnte sich ja über aktuelle Diäten informieren. Wir könnten anfangen, mehr Sport zu treiben. Gut, nächste Woche schauen wir nach neuen Laufschuhen und entsprechender Kleidung. Bis dahin machen wir erst einmal weiter wie bisher, Besserung ist ja absehbar.

Bei diesem Ansatz bleibt es fast immer bei den guten Vorsätzen. Wir haben die Einsicht, wir spüren den Schmerz, aber die Handlungsbarriere verhindert eine Verhaltensänderung. Psychologen geben in diesem Fall einen einfachen Rat: Nichts vorbereiten, sondern einfach anfangen. Nicht erst eine neue Sportausrüstung kaufen, sondern die alten Laufschuhe anziehen und einfach gemeinsam loslaufen. Einmal, zweimal, und mit diesen ersten Schritten beginnt sich ein Muster herauszubilden. Wenn wir schon laufen, dann könnten wir vielleicht auch die Ernährung ein bisschen umstellen. Nicht auf die perfekte Diät warten, sondern einfach mit gesundem Menschenverstand ein bisschen mehr Salat und weniger Fleisch. Stellen sich die ersten Erfolge ein, dann werden Sie das gesamte Programm systematisieren, die Strecken erhöhen, sich über die Ernährung intensiver informieren.

Auch große Veränderer der Weltgeschichte haben dieses nur scheinbar planlose Vorgehen von ihren Gefolgsleuten gefordert. Ein prominentes Beispiel ist Wladimir Iljitsch Lenin, der seine Genossen aufforderte: „Erst handeln, dann sehen, was passiert.“ Ganz falsch war dieser Ansatz nicht, denn damit hat Lenin die wahrscheinlich größten politischen Umwälzungen des 20. Jahrhunderts durchgesetzt.

## Problemlösung

Zugvögel verfügen nur über eine sehr begrenzte individuelle Intelligenz. Sie ist auf jeden Fall geringer als beim Menschen. Dennoch sind sie offenbar in der Lage, alle Probleme, die auf einer mehreren tausend Kilometer langen Flugreise auftauchen, zu lösen. Davon gibt es eine Menge: Die Richtung einhalten, auch bei Seitenwind und bedecktem Himmel, geeignete Rastplätze und Nahrungsmittel finden, sich vor Raubvögeln verteidigen.

In Unternehmen ist das Lösen von Problemen wesentlich schwieriger. Das liegt zum einen Teil an der Art der Schwierigkeiten, wesentlich mehr Einfluss haben jedoch die beteiligten Menschen. Während Zugvögel instinktiv Probleme lösen, spielt uns Menschen oft unsere Willensfreiheit Streiche. Es gibt einfache, wissenschaftlich fundierte Methoden, Ursachen und Probleme zu unterscheiden und Probleme systematisch zu lösen. Aber entweder kennen die Beteiligten dieses Handwerk nicht, oder sie versuchen, Abkürzungen zu nehmen.

Wer kennt sie nicht in Unternehmen, die Koryphäen auf ihrem Gebiet, akademische Schwergewichte oder hoch kreative Köpfe. Sie haben unbestreitbare Stärken, aber manchmal, vor allem bei gemeinsamen Projekten mit anderen Bereichsleitern und Funktionen, ist die Zusammenarbeit mit ihnen schwierig. Manche dieser Leitfiguren neigen zur Ungeduld, sie haben die Analyse schneller abgeschlossen als andere und präsentieren schon Lösungsvorschläge, während das Team noch mit der Ursachenklärung beschäftigt ist. Manche dieser Vorschläge sind genial, aber es ist ungewiss, ob sie in der aktuellen Situation hilfreich sind. Vor allem sind sie nicht gemeinsam erarbeitet worden und leichter angreifbar.

Auf der anderen Seite zeigen immer wieder mittelständische Unternehmer, auch ohne akademischen Hintergrund, dass sie komplexe Problemnetze nahezu intuitiv lösen und schwierige Situationen scheinbar mühelos beherrschen.

## Erfolgreiche Problemlösung ist keine Frage der Intelligenz

Welche Erklärung gibt es dafür? Die psychologische Forschung hilft uns hier mit interessanten Ergebnissen weiter. Erfolgreiche Problemlöser haben eine wesentlich höhere Bereitschaft, permanent neue Informationen zu sammeln und zu verarbeiten. Sie erschaffen sich in Gedanken ein Modell der Problemlage und treffen früh erste Entscheidungen. Durch erste Erfolge gewinnen sie an Selbstvertrauen und treffen anschließend mehr Entscheidungen. Sie sind allerdings statistisch abgesichert nicht intelligenter oder kreativer als schlechte Problemlöser.

**THESE:**

*Erfolgreiche Problemlösung ist eine Frage von diszipliniert eingesetzten Methoden und gemeinschaftlich erarbeiteten Lösungen, um negative Auswirkungen vorab auszuschließen.*

Es gibt Bergsteiger, Popmusiker und Dirigenten klassischer Musik, die neben ihrem Hauptberuf auch als Redner in Unternehmen auftreten. In ihren Vorträgen stellen sie ihre persönlichen Erfolgsfaktoren vor. Wer solche Auftritte zum ersten Mal erlebt, ist von zwei Kernaussagen überrascht, die bei fast allen die gleichen sind: Talent und Begabung machen einen sehr geringen Teil des Erfolges aus, der Rest ist Disziplin. Und Erfolg ist immer nur in und mit einem Team möglich.

Wir stellen das Zugvogel-Prinzip am Beispiel des wohl komplexesten Veränderungsprozesses vor: der Steigerung der Unternehmensleistung. Hier müssen alle Probleme auf den Tisch kommen. Sie müssen nach Ursache und Wirkung, nach Wichtigkeit und nach Auswirkungen auf andere Bereiche hin analysiert und gelöst werden. Hört sich nach Tagesgeschäft an, ist es aber nicht.

Denken Sie allein an die Trennung von Ursache und Wirkung. Nehmen wir ein Beispiel aus dem wahren Leben und stellen uns vor, ein halbwüchsiges Kind aus dem Bekanntenkreis bringt ein katastrophales Halbjahreszeugnis nach Hause. Der Nachwuchs bringt es in einer ersten Analyse auf den Punkt: Die Lehrer können mich nicht leiden. Weil die Lehrer das Kind nicht leiden können, hat es keine Lust zu lernen, traut sich nicht, sich am Unterricht zu beteiligen und flüchtet sich in Erfolgserlebnisse bei Computerspielen. Eine absolut logische Kette, ein ernstes Gespräch mit dem Lehrer muss her.

Aber ist das wirklich die Ursache oder ist es nicht viel mehr Auswirkung? Sagt uns der gesunde Menschenverstand nicht eher, dass das Kind zu viel Zeit am Computer verbringt, darüber die Hausaufgaben vernachlässigt und unausgeschlafen in die Schule geht? In diesem

Fall wäre das Ursachenproblem ein völlig anderes, nämlich die Computerspiele.

Dieser Fall ist einfach durchschaubar, die gleichen Mechanismen in Unternehmen zu entlarven, ist schon schwieriger. Dort gibt es immer ein, zwei Themen à la „der Lehrer kann mich nicht leiden“. Sie heißen in dem geschäftlichen Umfeld: zu reglementierte Prozesse, umständliche IT, zu viel Bürokratie. Das sind die Themen, die oft einen großen Teil der Diskussionen beherrschen. Andere Themen wie eine zu hohe Variantenzahl in der Fertigung, Parallelentwicklungen oder erdrückende Langsamkeit, weil jede kleinste Entscheidung von der Geschäftsführung abgesegnet werden muss, werden nur kurz gestreift. Was ist Ursache, was ist Wirkung?

Auswirkungen auf andere Bereiche werden bei schnellen, einsamen Problemlösungen gerne übersehen. Die Service-Hotline auf eine kostenpflichtige 0190er Nummer umzustellen, ist ein wunderbares Beispiel. Das mag bei Privatkunden funktionieren, bei Geschäftskunden scheitert es oft schon daran, dass die Vorwahl 0190 ohnehin in den zentralen Telefonanlagen dieser Kunden gesperrt ist. Das Ergebnis: Die Kunden gehen direkt an den Außendienst und verursachen erheblich höhere interne Kosten und Unmut. Eine Rückfrage beim Einkauf hätte vielleicht ergeben, dass das eigene Unternehmen ebenfalls die Vorwahl blockiert und die eigenen Einkäufer aus Prinzip nur den Außendienst dieser Zulieferer kontaktieren.

Das Zugvogel-Prinzip nutzt Methoden, um alle Probleme zu identifizieren, die die Leistungssteigerung eines Unternehmens verhindern. Es zeigt auf, wie Teams diese Problemnetze in handhabbare und relevante Einzelprobleme aufspalten. Es setzt auf Techniken, diese Einzelprobleme systematisch und erfolgreich zu lösen.

## Der Perfektionsfalle entkommen

Zugvögel fangen nicht sofort mit der V-Formation im 10.000er-Maßstab an. Vielmehr üben sie zunächst in kleinen Gruppen verschiedenste Flugmanöver fast spielerisch. Erst allmählich bilden sie immer größere Verbände und perfektionieren ihre Manöver.

Und in der Unternehmenswelt? Seit mehr als 20 Jahren prägen Grundsätze aus dem Qualitätsmanagement nahezu alle Unternehmen. Das gilt besonders für solche Verhaltensweisen, die unserer Mentalität ohnehin nahestehen. Einer der Grundsätze besagt, dass die meisten Qualitätskosten früh, also in der Entwicklungsphase, entstehen. Das ist durchaus richtig. Für Automobilzulieferer, die chemisch-pharmazeutische Industrie oder Nahrungshersteller ist es eine Frage des Überlebens, Produkte und Prozesse von der allerersten Idee an fehlerfrei zu entwickeln. Das erfordert eine zunehmend komplexere Arbeitsweise und verlangsamt die Entwicklung, aber dieser Preis ist unterm Strich geringer als eine eventuelle Rückrufaktion.

**THESE:**

*Es wird viel Energie verschwendet, weil Führungskräfte und Mitarbeiter sich auf die falschen Probleme konzentrieren oder nach einer perfekten Lösung suchen. Nicht alle Probleme sind gleich wichtig und eine Lösung muss nicht perfekt sein. Die Kunst ist, das Richtige zu fokussieren und das passende Maß zu finden.*

Dieser Grundsatz trifft in Deutschland auf eine besonders hohe Resonanz, neigen wir doch ohnehin zur Perfektion. Das macht einen Gutteil des Erfolgs technischer Unternehmen aus, ist aber auch eine große Schwäche, wenn es darum geht, neue Wege zu beschreiten: Auch gute Ideen scheitern daran, dass ihr Ausgang ungewiss ist. Schon bevor ein Projekt gestartet wird, soll der Ausgang, die Lösung des Problems perfekt geplant sein. Gerade Großunternehmen haben ihre Forschungs- und Entwicklungsaktivitäten so systematisiert und formalisiert, dass jede Idee gleich zu Anfang enorm hohe Hürden überwinden muss: Schon vor der ersten Entwicklerstunde müssen schier unendliche Excel-Tabellen ausgefüllt werden. Das klare Ziel: Risiken minimieren.

Kleines Risiko, kleine Rendite, das ist die goldene Regel für Geldanlagen. Aber bei Innovationen wie bei Veränderungsprozessen ist das Risiko, durch Risikoscheu überproportionale Effekte zu verschenken, extrem hoch. Anders funktioniert Silicon Valley: Dort finden auch die scheinbar verrücktesten Ideen Geldgeber. Allerdings müssen bei der nächsten Finanzierungsrunde die Ideen ausgereifter sein. Mit jeder neuen Finanzspritze steigen die Anforderungen. Bei diesem Vorgehen gehen zwar die Investitionen in gescheiterte Ideen verloren, aber auf der andern Seite winken Milliardengewinne à la Google, Amazon oder Facebook.

**THESE:**

*Die besten Ideen haben die eigenen Mitarbeiter - aber sie schlagen sie nicht vor, weil die meisten Unternehmen die Perfektion an den falschen Zeitpunkt setzen.*

Der Perfektionsdrang schon zu Beginn einer Idee oder zu Beginn einer Problemlösung erzeugt eine Schere im Kopf, und das über alle Unternehmensfunktionen hinweg. Das hat gerade bei Veränderungsprozessen Folgen. Die eigenen Mitarbeiter haben die besten Ideen, wie die Dynamische Lücke zu schließen ist. Sie kennen das Unternehmen, wissen, wie die Kunden ticken und wo die Schwachstellen in den Abläufen liegen. Aber die Schere in unserem Kopf sorgt dafür, dass wir erst einmal nur solche Ideen und Projekte vorschlagen, von denen wir sicher sind, dass wir sie erfolgreich umsetzen können.

Härtegradlogik eröffnet kreativen Ideen eine Chance.

Auf der einen Seite spielt mit, dass wir die Risiken, zu scheitern, klein halten wollen. Zum anderen hat das aber auch oft strukturelle Gründe: In zahlreichen Unternehmen wird ein Projekt erst dann gestartet, wenn alle Potenziale und Maßnahmen perfekt geplant wurden. Bei vielen guten Ideen ist der Ausgang zunächst ungewiss: Sie könnten hohe Effekte erzielen, aber sie könnten auch scheitern. Und Scheitern gilt in vielen Unternehmen als Versagen.

Um an die wirklich guten Ideen der eigenen Leute zu kommen, müssen Sie die Perfektion, den Härtegrad einer Maßnahme, erst allmählich in das Projekt einfließen lassen. Am Anfang reicht eine grobe Schätzung darüber, wie viel Wachstum ein neues Produkt oder eine neue Dienstleistung bringt, wie groß die möglichen Einsparungen einer Maßnahme sind. Dann beginnt die Umsetzung, und erst im Verlauf steigt der Härtegrad und die Perfektion kommt ins Spiel.

Zeigt sich, dass die Effekte überschätzt wurden, dann endet das Projekt und es gilt, eine weitere Idee auszuprobieren. Ist die Idee aber wirksam, dann hat das Unternehmen viel gewonnen. Die Härtegradlogik schafft ein Klima, in dem neue Ideen eine Chance haben und die Ideengeber erst einmal ohne Risiko auch unsichere Ideen mit großem Potenzial einbringen können.

Die Härtegradlogik hat erfolgreiche Vorbilder: den Start-up-Unternehmer im Silicon Valley, den flexiblen Mittelständler von der Schwäbischen Alb. Sie arbeiten mit Annahmen aus dem Bauch heraus und schätzen Effekte erst einmal grob ab. Treten die erwarteten Effekte nicht ein, dann ändern sie den Ansatz, ohne viel Zeit in die Planung gesteckt zu haben. Das erfordert ein unternehmerisches Denken und einen Überblick über das gesamte Unternehmen. In größeren Einheiten, bei denen Führungskräfte nur noch Teilaspekte verantworten, fehlt diese unternehmerische Risikobereitschaft. Die Härtegradlogik modelliert auch in größeren Unternehmen die Bedingungen eines

Entrepreneurs, der auch einmal irren darf. Dann kommt eben der nächste Versuch.

## ■ Disziplin

Unser Freund mit den Speckröllchen hat alles so gemacht, wie wir es ihm geraten haben. Er hat einfach die alten Sportschuhe angezogen und ist die ersten Tage und Wochen immer länger gelaufen. Er hat sich mittlerweile die optimale Ausrüstung zugelegt, und er hat sich ein ambitioniertes Ziel gesetzt. Jetzt kommt die Disziplin ins Spiel: Schrittzähler und Stoppuhr, Trainingspläne mit definierten Laufstrecken und zu erreichenden Zeiten. Damit verbessert er systematisch sein Ziel.

**THESE:**

*Die Umsetzung von Veränderungsprozessen erfordert eine strenge Disziplin und ein nach vorn gerichtetes und auf das Wesentliche fokussiertes, aussagekräftiges Controlling.*

Kehren wir zu unserer Analogie Zugvogel zurück. Als wir zuletzt bei ihr waren, hatten sich die Zugvögel zu ersten, kleineren Gruppen zusammengefunden und den Formationsflug geübt. Jetzt bilden sie den großen Schwarm und brechen in den Süden auf. Die große Formation ist fest eingeübt. Jeder orientiert sich auf dem Weg an seinen sieben Nachbarn und kann sich darauf verlassen, dass alle das gleiche Ziel im Kopf haben.

Dieses Bild passt perfekt auf die nächste Stufe des Change-Managements: Nach dem Durchbrechen der Handlungsbarriere, nachdem die Führungsmannschaft mit der Dynamischen Lücke ein gemeinsames

Ziel, Ideen und Maßnahmen definiert hat, kommt es jetzt in der Umsetzung auf strenge Disziplin an. Jeder hält sich an die Regeln und darf den Schwarm nicht aufhalten.

Dazu muss der Alignment-Prozess, das Einschwören auf das gemeinsame Ziel, auf das gesamte Unternehmen ausgerollt werden. Solange das Ziel nicht transparent und nachvollziehbar hergeleitet wurde, wird es angezweifelt. Die Folge: Wenn es darum geht, die Ziele mit Maßnahmen zu unterfüttern, kommen immer wieder Diskussionen auf, ob das Ziel sinnvoll und erreichbar ist. Diese Diskussionen fressen viel Zeit und Energie. Schlimmer noch: Sie verlangsamen den Veränderungsprozess von Anfang an.

Viele Unternehmensprogramme gelten bereits als Erfolg, wenn sie 70 oder 80 Prozent des Ziels erreichen. Dann tröpfeln sie häufig aus, die Unternehmensleitung feiert den Erfolg und legt das nächste Projekt auf. Das Zugvogel-Prinzip setzt dagegen ausdrücklich auf 100 Prozent Zielerreichung. Beim Vogelzug kommt es darauf an, das definierte Ziel sicher zu erreichen. Auf halber Strecke abzubrechen gefährdet den gesamten Schwarm. Auf den Zwischenzielen herrscht nicht genug Schutz vor dem Winter. Nur das Ziel, sei es Südeuropa oder Nordafrika, gibt Schutz und sichert das Überleben.

Auch das Schließen der Dynamischen Lücke ist solch ein absolutes Ziel. Darum steht bei der Umsetzung immer dieses Gesamtergebnis im Mittelpunkt. Kann aus irgendeinem Grund ein Bereich seinen Beitrag nicht vollständig leisten, müssen das die anderen zusätzlich schultern.

Eindeutige Messgrößen für alle.

Die Messgröße für jede Führungskraft ist ihr Beitrag zum Gesamtergebnis. Bei aller Freiheit für neue Ideen zählen einzig und allein die erzielten Effekte und nicht das Bemühen. Dazu muss das Controlling ein für alle gültiges und transparentes Berichtswesen entwickeln. Dabei reichen einige wenige Kennziffern, um das Reporting zu standardisieren. In einer hohen Frequenz beziffert es kontinuierlich die geschätzten Ergebnisbeiträge. Dabei berücksichtigt es die Härtegradlogik und überwacht so auch die unkonventionellen Ideen mit zunehmender Präzision. Jedes Projekt mit seinem zu erwartenden Ergebnisbeitrag bleibt damit ständig auf dem Radarschirm.

Mehr noch, dieses Controlling richtet den Blick des Berichtswesens nach vorn. Bislang ist das klassische Controlling ein Blick in den Rückspiegel. Wir arbeiten mit den Zahlen des vergangenen Monats, der vergangenen Quartale. Das funktioniert im Großen und Ganzen ja auch gut. Mit dem Ansatz der Dynamischen Lücke, der Härtegradlogik und einem aussagekräftigen Reporting ändern wir die Blickrichtung. Wir schauen eben nicht mehr in den Rückspiegel, sondern durch die Frontscheibe nach vorn.

Veränderungsprozesse von innen heraus anstoßen.

Jetzt kennen Sie die grundsätzliche Systematik des Zugvogel-Prinzips von der Zielfindung über das Einbinden der Organisation bis zur Umsetzung. Das Zugvogel-Prinzip erhebt ausdrücklich nicht den Anspruch, völlig neue Methoden entwickelt zu haben. Im Gegenteil, alle vorgestellten Ansätze sind bekannt und bewährt.

Was das Zugvogel-Prinzip unterscheidet, ist die Kombination der Methoden. Diese Kombination ist nicht durch akademische Überlegung entstanden, sondern aus praktischer Erfahrung. Dabei verbindet es strategische Ansätze mit der praktischen Umsetzung. Es wurzelt in der Erfahrung, dass sich Unternehmen in guten Zeiten oft zu lange in Sicherheit wiegen. Sie bereiten sich nicht systematisch auf die Zukunft vor.

Erinnern Sie sich an das Beispiel mit den Speckröllchen? Auch in Unternehmen kommt es periodisch zu halbherzigen Kostensenkungen, und sobald die Zahlen auch nur kurzfristig wieder im grünen Bereich sind, gratulieren sich alle, wie hart sie durchgegriffen haben. Das ist aus unserer Sicht keine Strategie, sondern Aktionismus. Es erinnert vielmehr an Diäten, die langfristig sogar noch den Speckaufbau verstärken. Veränderungsprozesse nach dem Zugvogel-Prinzip sind langfristig und spezifisch auf ein konkretes Unternehmen ausgelegt. Sie sind überzeugend durch Transparenz, und sie zeigen messbare Erfolge.

Für die Umsetzung ist die psychologische Komponente ein wichtiger Erfolgshebel. Sie gewährleistet, dass die Führungsmannschaft die Notwendigkeit eines Veränderungsprozesses erkennt. Das ist die Voraussetzung dafür, dass die internen Widerstände den Veränderungsprozess nicht auf die Geschwindigkeit null bremsen.

Wir reden dabei nicht von einer Küchenpsychologie à la „Herr Meier, ich glaube, Sie haben ein Problem“. Wir nutzen gezielt gruppendynamische Effekte und respektieren dabei die Privatsphäre. Wie wird aus Tausenden von individuellen Vögeln ein zielgerichteter Schwarm? Bestimmt nicht, indem einige wenige einsichtige Vögel verständnisvoll jeden einzelnen Vogel überzeugen. Vielmehr führt der gemeinsame Schmerz zu ersten Schritten und damit zu einer Dynamik, die Veränderungen anstößt.

## ■ Kommunikation

Ein entscheidender Faktor dabei ist die persönliche, interne Kommunikation. Sie ist nicht delegierbar. Kann der Unternehmensleiter, der massive Veränderungen anstrebt, sein unmittelbares Umfeld von der Notwendigkeit und der Zielsetzung überzeugen? Kann er im Fahrstuhl einem Mitarbeiter, einem Kunden oder Lieferanten innerhalb von 30 Sekunden seine Kernbotschaft vermitteln?

Das scheitert schon oft an der Sprachbarriere. Die Managementsprache hat einen solchen Abstraktionsgrad und ein anglizistisches Fachvokabular entwickelt, das nur noch von kleinen Führungszirkeln verstanden wird. Es mag in diesen Kreisen genau die richtige Sprache sein, aber um die Mitarbeiterinnen und Mitarbeiter zu erreichen, ist sie gänzlich ungeeignet. Ein einfacher Selbstversuch macht das schnell klar. Versuchen Sie einmal, Ihrem Partner in der Managementsprache eine Liebeserklärung zu machen. Schwärmen Sie von Ihrem Alignment, der optimalen Allokation emotionaler Ressourcen …

Wenn ein Vorstand eines international agierenden Unternehmens von seinen Führungskräften Execution Excellence einfordert, dann werden diese mit hoher Wahrscheinlichkeit verstehen, was er meint. Redet ein Geschäftsführer eines mittelständischen Unternehmens in der Betriebsversammlung von Execution Excellence, dann bleibt aller Erfahrung nach nur das Wort Exekution hängen und sorgt für Panik. Warum sagt er nicht, was er meint, sodass ihn jeder versteht? Was wir tun, tun wir richtig und fehlerfrei. Aha!

**THESE:**

*Nur eine ehrliche, offene und transparente Kommunikation kann dauerhaft den Veränderungsprozess unterstützen und aus Betroffenen Beteiligte machen.*

Wir haben bereits das Omertà-Dilemma vorgestellt. Selbst wenn ein Unternehmen es überwindet, hat es Nachwirkungen, denn nun müssen Führungskräfte erklären, warum sie in der Vergangenheit in eine falsche Richtung gelaufen sind. Das wiederum erzeugt Ängste und Unbehagen bei ihnen: Ja, vielleicht stimmt die Analyse ja, aber wir können diese Wahrheit nicht vermitteln.

Darum erfordern Veränderungsprozesse eine durchdachte Kommunikation, die den Führungskräften hilft, die Notwendigkeit und die Ziele einfach und verständlich zu kommunizieren. Dabei reden wir nicht über das Intranet oder die Mitarbeiterzeitschrift, sondern um die ganz persönliche Gesprächsführung und Überzeugungskraft. Nur sie können die anstehenden Veränderungen glaubwürdig in einen Zukunftsentwurf einordnen und erklären. Dabei steht das Ziel, die Zukunft des Unternehmens zu sichern, an erster Stelle, aber auch die Ehrlichkeit, dass dafür ein Preis zu zahlen ist.

Die persönliche Veränderungskommunikation begleitet die Führungskräfte von nun an dauerhaft. Schon bald geht es nicht mehr um das gemeinsame Ziel, sondern darum, Verhaltensweisen zu verändern. Jedes Unternehmen hat Mythen und Heldengeschichten, die aus früheren Zeiten stammen und den Erfolg begründet haben. Seitdem haben sich aber oft die Rahmenbedingungen verändert, und was vor 20 oder 30 Jahren ein Erfolgsfaktor war, kann jetzt ein Grund für die aktuellen Probleme sein. Bislang haben immer wieder bahnbrechende Innovationen das Unternehmen gerettet und nicht eine effiziente Fertigung? Dann wird es auch diesmal so sein, wir müssen nur lange genug warten. Das ist der Stoff, aus dem Scheitern ist.

## ■ Schwarmintelligenz und Führung

Veränderungsprozesse können nicht von oben befohlen werden, aber sie brauchen eine hohe Führungsdichte. Die Ziele werden von oben nach unten heruntergebrochen, aber zentralistische Organisationen scheitern häufig. Diese scheinbaren Widersprüche ergeben dann einen Sinn, wenn wir uns einige Muster des Scheiterns von Veränderungen noch einmal vor Augen führen. Kein gemeinsames Zielverständnis, keine gemeinsamen Beurteilungsmaßstäbe für den Erfolg von Maßnahmen, mangelnde Umsetzungsdisziplin.

Im Kern geht es um zwei Themen: Kreativität und Schwarmintelligenz auf der einen Seite, Disziplin und Konsequenz auf der anderen Seite. Das Zugvogel-Prinzip stärkt beide Seiten in genau dieser Reihenfolge. Zu Beginn eines Veränderungsprozesses braucht ein Unternehmen die gesamte Intelligenz aller Mitarbeiter und ihre Kreativität, um wirklich alle Maßnahmen auf den Tisch zu bekommen. Kreativität lässt sich nicht befehlen, aber durch die Härtegradlogik fördern.

Der Hintergrund ist einfach: Ein schlichtes „weiter so" erfordert keinen Veränderungsprozess. Neue Wege zu beschreiten birgt aber immer auch die Gefahr des Scheiterns. Scheitern ist aber kein Versagen, solange es rechtzeitig bemerkt und die nächste Idee entwickelt wird. Am Ende zählt nur der Beitrag.

Das erfordert Vertrauen und die Bereitschaft, Verantwortung, Zuständigkeiten und Lösungskompetenz zu delegieren. Hört sich einfach an, verlangt aber in der Praxis eine für viele Manager neue Führungsphilosophie. Sie erfordert ein gemeinsames Verständnis dafür, welcher Maßstab für den Erfolg maßgeblich ist. Nehmen wir an, ein befreundetes Ehepaar hat gemeinsam beschlossen, dass beide abnehmen wollen. Sie haben also ein gemeinsames Ziel. Damit ist nicht automatisch ein gemeinsamer Beurteilungsmaßstab gefunden: Während der eine Partner das Ziel für sich in Kilogramm messen will, definiert der andere Partner Kleidergrößen als Maßstab.

Nehmen wir an, den beiden fällt es gleichermaßen schwer, abzuspecken, und sie suchen insgeheim Auswege aus der Verpflichtung. Unterschiedliche Maßstäbe sind dafür ein wunderbarer Fluchtweg, der Ausweichmanöver begünstigt. Immerhin sind Konfektionsgrößen herstellerabhängig, die Gewichtsabnahme in Kilogramm kann man absolut oder relativ zum Ausgangsgewicht beurteilen …

Das Zugvogel-Prinzip führt eindeutige Beurteilungsmaßstäbe ein und gibt Hilfestellungen, Ausweichbewegungen sichtbar zu machen und damit zu verhindern. Wir geben Führungsmannschaften ein einfaches Regelwerk an die Hand, das den Fortschritt und den Beitrag jedes Einzelnen transparent macht. Einige wenige Regeln etablieren Selbststeuerungsmechanismen. Damit aktivieren wir die Schwarmintelligenz, reduzieren die Komplexität für die Geschäftsleitung und verhindern ein Stück weit das Mikromanagement.

**THESE:**

*Die Schwarmintelligenz wird durch das gemeinsame Ziel, gemeinsame Bewertungsmaßstäbe und einige wenige Schwarmregeln für das Verhalten aktiviert. Zentral sind dabei Alignment und frühes gemeinsames Handeln.*

## Ergebnisverbesserung, Kultur und Strategie

In diesem Buch stellen wir das Zugvogel-Prinzip anhand des denkbar anspruchsvollsten Veränderungsprozesses dar: der Leistungssteigerung eines Unternehmens. Das betrifft alle Funktionsbereiche und Organisationseinheiten. Hier müssen Führungsmannschaften das höchstmögliche Alignment erzielen und sämtliche Prozesse und Abläufe hinterfragen.

Wer es schafft, durch Disziplin und Konsequenz sein Idealgewicht zu erreichen, der hat in der Regel auch keine Schwierigkeiten damit, auf ärztlichen Rat hin täglich die Rückenmuskulatur zu stärken oder auf bestimmte Lebensmittel zu verzichten. Beim Zugvogel-Prinzip ist es ähnlich. Die Methodiken für die Leistungssteigerung lassen sich wirksam auf jeden Veränderungsprozess übertragen.

Das betrifft auch scheinbar weiche Themen wie die Unternehmenskultur. Immer wieder treffen wir auf Unternehmenskulturen, in denen Entwickler den Status eines „Daniel Düsentrieb“ haben und unabhängig vom restlichen Unternehmen ein Eigenleben führen. Das können sie nur, weil das Unternehmen das duldet. Vielleicht herrscht der Mythos vor, nur Innovationen sichern die Zukunft, auch wenn die letzte Neuentwicklung schon viele Jahre alt ist. In anderen Unternehmen sind die Projektleiter die Helden, die Projekte in letzter Minute und mit einem ungeheuren persönlichen Einsatz retten. Warum scheitert jeder Versuch, mit einer systematischen Projektabwicklung genau das zu ändern?

Auch bei Veränderungen der Unternehmenskultur gilt es, die Handlungsbarriere zu durchbrechen, ein gemeinsames Ziel zu entwickeln und gemeinsame Beurteilungsmaßstäbe zu definieren. Der Rest ist Technik.

Ein Einwand sei vorweggenommen: Zahlreiche Manager sind fest davon überzeugt, dass vor jedem Veränderungsprozess zunächst eine Strategieentwicklung stehen muss. Das Zugvogel-Prinzip ist hier eher pragmatisch und an der Schnelligkeit und zuverlässigen Umsetzung von Veränderungen orientiert. Veränderungsprozesse ersetzen keine Unternehmensstrategie – und umgekehrt. Ein „Abfallprodukt" von Veränderungsprojekten nach dem Zugvogel-Prinzip sind Informationen und Erkenntnisse, mit denen Unternehmen ihre gültige Strategie auf ihren Realitätsbezug überprüfen können. Nur wer das Omertà-Dilemma überwindet, hat einen klaren Blick auf die wirklichen Marktanforderungen.

Ein launischer Vergleich aus dem Privatleben: Ein gut erhaltener 50-Jähriger, der vielleicht aus gesundheitlichen Gründen sein Leben umgestellt hat, sich bewusst ernährt und ausgiebig Sport treibt, merkt im direkten Vergleich mit jüngeren Sportlern eine nachlassende Wettbewerbsfähigkeit. Diese Erkenntnis kann auch Rückwirkungen auf seine bisherige Strategie bei der Partnersuche haben, und er wird womöglich sein Beuteschema verändern, von Mittzwanzigerinnen auf etwas ältere Damen, die seinem neuen Lebensstil viel mehr entsprechen.

Veränderungen aus eigener Kraft erreichen.

Ein wesentlicher Ansatz des Zugvogel-Prinzips ist, dass Unternehmen es aus eigener Kraft und mit eigenen Ressourcen anwenden können. An einigen Stellen im Prozess ist es sinnvoll, zusätzlich externe Moderatoren zu nutzen, die den Prozess vorantreiben, blockierende Emotionen herausnehmen und Widerstände überwinden.

In den folgenden Kapiteln werden wir die Thesen dieses Kapitels beweisen und die Hintergründe beleuchten. Wir werden die praktische Umsetzung am komplexesten und umfangreichsten Veränderungsprozess vorstellen, der Leistungssteigerung eines Unternehmens.

Aufschwung, Boomphase, Abschwung und Rezession – Frühling, Sommer, Herbst und Winter: Sie können den Ablauf der Dinge nicht ändern. Aber Sie können sich mit dem Zugvogel-Prinzip darauf einstellen, notwendige Veränderungen einleiten und umsetzen – und damit das Überleben Ihres Unternehmens absichern.

## Literatur

Beckhard, Richard: *Organization Development. Strategies and Models.* Addison-Wesley 1969

http://www.bundespraesident.de/SharedDocs/Reden/DE/Roman-Herzog/Reden/1997/04/19970426_Rede.html, abgerufen am 11. August 2013

http://www.handelsblatt.com/unternehmen/industrie/studie-zum-niedergang-deutsche-solarbranche-vor-der-sonnenfinsternis/6748936.html, abgerufen am 11. August 2013

http://www.sueddeutsche.de/wirtschaft/krise-bei-praktiker-prozent-auf-gar-nichts-mehr-1.1718977, abgerufen am 11. August 2013

http://www.welt.de/wirtschaft/webwelt/article117922073/Loewe-Fernseher-Gut-gemacht-schlecht-verkauft.html, abgerufen am 11. August 2013

# 2 Alignment herstellen

*Individualität und Schwarmbildung –*
*oder warum wir nicht von vornherein*
*an einem Strang ziehen*

## ■ 2.1 Warum ist Alignment notwendig?

Sind Zugvögel Einzelgänger oder brauchen sie die Gesellschaft von Artgenossen? Was für eine Frage? Sie bilden Schwärme (Bild 2.1), werden einige sofort sagen, und damit sind sie klassische Gesellschaftswesen. Andererseits verbringen sie den größten Teil des Jahres nicht in Schwärmen. In ihren Sommer- und Winterquartieren leben sie allein, als Pärchen oder in kleinen Gruppen. Also doch eher Einzelgänger – oder genauer, sie sind von beidem ein bisschen.

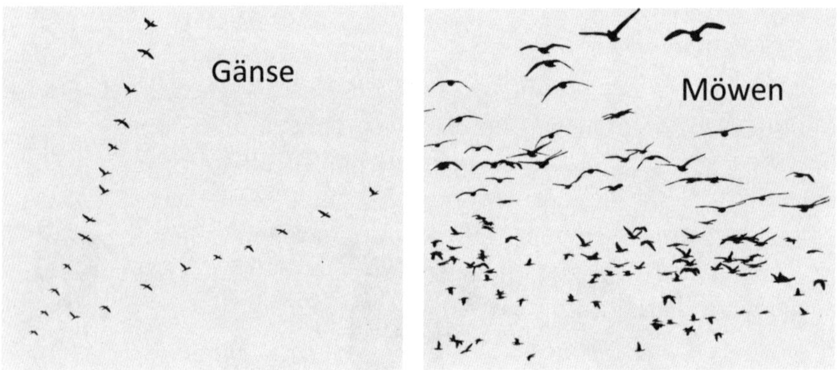


**Bild 2.1** Zugvogel-Schwärme in unterschiedlichen Formationen

Auch Menschen sind sowohl Individualisten als auch soziale Wesen. Wir brauchen die Zuneigung und Anerkennung anderer Menschen, um uns wohlzufühlen. Wir akzeptieren Regeln und nehmen Einschränkungen unseres persönlichen Freiraums in Kauf, um gemeinsam mit anderen gemeinsame Ziele zu erreichen. Wir arbeiten zwölf Stunden und mehr pro Tag – und das in den meisten Fällen nicht des Geldes wegen, sondern weil wir Verantwortung für eine Gemeinschaftsaufgabe übernommen haben.

Auf der anderen Seite können wir aber auch gnadenlose Egoisten sein, die konsequent eigene Interessen verfolgen, auch wenn sie den Gemeinschaftszielen nicht entsprechen. Das ist nur menschlich, und Unternehmen versuchen mit den verschiedensten Methoden, diese

Egoismen zu kanalisieren. Ein Beispiel sind Zielvereinbarungen: Nehmen wir an, Ihr Unternehmen hat ein Qualitätsprogramm aufgesetzt. Sie gehen mit Ihrem Vorgesetzten die Zielvereinbarung ein, die Fehlerquote um drei Prozentpunkte zu senken. Ihre Belohnung: 100 Prozent Bonus.

Sie machen sich an die Arbeit und finden schnell heraus, dass Sie die Fehlerquote sogar um fünf Prozent senken könnten. Das ist das, was das Unternehmen in Wirklichkeit will, aber auf der anderen Seite werden Sie auch in diesem Fall nur 100 Prozent Bonus erhalten. Vor allem setzen Sie damit die Erwartungen Ihres Vorgesetzten für das nächste Ziel höher, und wer weiß, ob Sie das anspruchsvollere Ziel dann schaffen?

Banken haben in ihren Investmentabteilungen diesen Mechanismus erkannt und die Begrenzung herausgenommen. Das Ergebnis: Bonuszahlungen in theoretisch und praktisch nahezu unbegrenzter Höhe. Damit entfesselten sie in den Investmentabteilungen eine Egoismusdynamik, die den Banken auch nach Abzug der enormen Bonuszahlungen gewaltige Gewinne einbrachte. Die Nebenwirkungen wurden erst später deutlich: Die einzelnen Investmentbanker gingen unbeherrschbare Risiken für ihre Arbeitgeber ein und rissen eine Reihe von Banken in den Abgrund.

Es muss doch einen Mittelweg geben? Ja, den gibt es. Wir alle hatten mindestens einen Mitarbeiter, der bestenfalls durchschnittliche Leistungen brachte. Dann erfuhren wir, dass er sich ehrenamtlich in Vereinen oder sozialen Einrichtungen engagierte und dort Beachtliches auf die Beine stellte. Er organisierte, koordinierte und managte Projekte, die um ein Vielfaches komplexer waren als der dienstliche Aufgabenbereich. Wenn wir uns mit einem Ziel oder einer Aufgabe identifizieren, sind wir enorm leistungsfähig und bereit, eigene Interessen dem gemeinsamen Ziel unterzuordnen.

Start-up-Unternehmen ziehen daraus ihre Stärke: Die Mitarbeiter haben ein gemeinsames Ziel, mit dem sie sich identifizieren, und dafür stellen sie ihre Eigeninteressen zurück. Aber mit zunehmendem Erfolg löst sich dieser gemeinsame Geist auf. Wenn das Unternehmen wächst, muss eine immer stärkere Arbeitsteilung eingeführt werden. Damit entstehen über kurz oder lang Hierarchieebenen.

Bereichsegoismen trüben den Blick für das Gesamtziel.

Damit bilden sich Bereichsegoismen. Die Loyalität der Mitarbeiter verlagert sich zunehmend vom Gesamtunternehmen auf ihren Bereich, auf ihre Abteilung, und sie messen ihre Führungskraft auch daran, wie viel internes Ansehen und Schutz sie ihnen bietet. Das Unternehmensziel gerät so immer weiter in den Hintergrund.

Jetzt sollte man von Führungskräften erwarten können, dass sie den Überblick haben und die Unternehmensziele konsequent verfolgen. Nun ja, prinzipiell ist das auch wahrscheinlich. In der Praxis herrscht zwar eine grundsätzliche Übereinstimmung über die grobe Richtung, aber immer wieder sind sich die Führungsmannschaften uneinig, wenn es um die konkrete Ausrichtung und die Ziele des Unternehmens geht.

Mehr noch, manche Führungskräfte entwickeln einen Tunnelblick und sehen nur ihre Teilaufgabe. Das kann so weit führen, dass sie mit der kompromisslosen Optimierung ihrer Teilaufgabe den Erfolg des Gesamtunternehmens gefährden. Das gilt besonders dann, wenn ein Bereich, sei es die Entwicklung oder das Controlling, eine dominierende Rolle übernimmt.

Bis weit in die 1960er-Jahre war die amerikanische Automobilindustrie technologisch führend. Sie war innovativ und hochproduktiv. Dann übernahmen immer stärker die „Erbsenzähler" einseitig die Macht und verschoben den Fokus von der Technik und der Produktion auf die Kostenbetrachtung. Statt technischer Differenzierung setzten sie die Kostenoptimierung als höchstes Ziel durch – und zwangen allen anderen Bereichen ihre Sichtweise auf.

Das langfristige Ergebnis: Erst litt die Innovationskraft, dann verloren die Hersteller den Anschluss bei der Qualität und der Produktivität. Die Folge: Seit den 1970er-Jahren sinken die Marktanteile kontinuierlich. Immer wieder verkündeten die CEOs der „Big Three" große Investitionen in die Qualität und die Technik ihrer Autos. Regelmäßig wurden diese Ankündigungen von den betriebswirtschaftlichen Abteilungen im Tagesgeschäft unterlaufen, weil sie ihr Bereichsziel für höherrangig betrachteten. Die Dominanz einer Unternehmensfunktion kann so das Gesamtziel des Unternehmens gefährden.

Im deutschsprachigen Raum sind es oft die Entwicklungsabteilungen, die ohne Blick für die wirklichen Kundenbedürfnisse ständig komplexere Produkte am Markt vorbeientwickeln. German Overengineering ist einer der größten Risikofaktoren für Technologieunternehmen in Deutschland, Österreich und der Schweiz.

Ein Schweizer Maschinenhersteller stand über Jahrzehnte unbestreitbar für Premium in seinem Segment. Doch dann änderten sich die Technologie und der Markt. Die Abteilungen nah an den Kunden spürten es relativ früh und brachten die Unternehmensleitung auf ihre Seite. Aber alle Aktivitäten liefen ins Leere, weil die Entwicklungsabteilung völlig abgekoppelt vom Rest der Firma stur auf ihrem Kurs Premium blieb. Sämtliche Maßnahmen, die Umsatz- und Margenerosion zu stoppen, scheiterten daran. Auch hier gefährdete ein Bereich den Unternehmenserfolg, weil er das Bereichsziel über das Gesamtziel stellte.

## 2.2 Was ist Alignment?

Zunächst einmal sind Teams wesentlich leistungsfähiger als jedes Individuum. In der Theorie ergänzen sich die Stärken der Teammitglieder und gleichen individuelle Schwächen aus. Die gebündelten Fähigkeiten, die Schwarmintelligenz, gehen potenziell gegen unendlich. Andererseits können Spannungen und Zielkonflikte innerhalb von Teams die Leistung stark verringern. Im Extremfall blockieren sich die Teammitglieder gegenseitig.

In der Praxis hängt es unabhängig von den Fähigkeiten der einzelnen Teammitglieder von ihrem gemeinsamen Zielverständnis ab, wie erfolgreich sie sind. Fußballfans erleben das an jedem Spieltag. Da gibt es Vereine, die mit einem zahlungskräftigen Sponsor im Rücken die weltbesten Spieler einkaufen, es aber nicht schaffen, daraus eine richtige Mannschaft zu bilden. Obwohl jeder einzelne Spieler auf seiner Position zu den besten der Welt gehört, nutzt es so lange nichts, wie sie nicht als Team zusammenspielen.

Auf der anderen Seite überraschen uns immer wieder Vereine, die mit einem kleinen Budget Nachwuchsspieler aufbauen und zu sehr erfolgreichen Teams formen, bei denen jeder jeden unterstützt. Die einzelnen Spieler mögen im direkten Vergleich schwächer als die Stars sein, aber durch ein perfektes Zusammenspiel schaffen sie es dennoch, gegen scheinbar unschlagbare Vereine zu gewinnen. Dieses Zusammenspiel, in dem die einzelnen Spieler ein gemeinsames Ziel verfolgen, anstatt den individuellen Marktwert zu steigern, ist gelebtes Alignment.

Alignment bezeichnet in der Verhaltensforschung das Phänomen, dass Individuen ihre Bewegungsrichtung dynamisch an der ihrer unmittelbaren Nachbarn ausrichten. Es ist ein Grundprinzip für das Bewegungsmuster von Schwärmen. In Computersimulationen modellierte Craig Reynolds das Verhalten von Individuen in Schwärmen nach und fand dabei drei Basismuster:

**Kohäsion:** Bewege dich in Richtung des Mittelpunkts derer, die du in deinem Umfeld siehst.

**Separation:** Bewege dich weg, sobald dir jemand zu nahe kommt.

**Alignment:** Bewege dich in dieselbe Richtung wie deine Nachbarn.

> Beim Alignment in Zugvogel-Schwärmen orientieren sich die einzelnen Tiere an ihren sieben nächsten Nachbarn. Sieben, weil sie nur bis zu sieben Artgenossen eindeutig unterscheiden können. ■

Was hat es nun mit diesem Alignment auf sich? Zunächst gibt es keine entsprechend elegante deutsche Übersetzung. Alignment bezeichnet eine gemeinsame Ausrichtung, ein „Auf-Linie-Bringen" einer Gruppe von Individuen.

*In einem Team herrscht dann ein Alignment, wenn alle Mitglieder des Teams ein gemeinsames Ziel verfolgen und die gleichen Maßstäbe anlegen, um die Zielerreichung zu messen.*

Damit ist gemeint, dass alle Teilnehmer eines Führungskreises und damit letztendlich auch alle Mitarbeiter dieselben Ziele verfolgen. Um das zu erreichen, ist es mit der Verkündung der Strategie nicht getan. In unseren Workshops bitten wir die Führungskräfte, die Zielsetzung des Unternehmens mit eigenen Worten zu erklären. Darauf folgen oft reine Worthülsen, die zeigen, dass die Führungskräfte den Inhalt der Zielsetzung nicht nachvollziehen können. Damit findet sie in der Regel keinen Einzug in den Arbeitsalltag.

Was ist die Lösung? Am effizientesten ist es, die Zielsetzung mit den Führungskräften gemeinsam von Anfang an „nachzubauen". Es empfiehlt sich, mit den Markttrends zu beginnen, der Wettbewerbssituation, und daraus die einzelnen Strategiebausteine abzuleiten. Erst wenn die Führungskräfte die Zielsetzung nicht nur wiederholen können, sondern verstanden haben, können sie diese im Arbeitsalltag umsetzen.

Alignment ist eine zwingende Grundvoraussetzung für erfolgreiche Veränderungsprozesse. Wenn die Führungsmannschaft uneinig über das Ziel ist, keine gemeinsamen Messgrößen hat, wie soll da eine ergebnisorientierte Zusammenarbeit funktionieren?

Bei Zielkonflikten hilft kein Team-Building.

Geschäftsleitungen oder Aufsichtsräte spüren, wenn im Führungsteam Spannungen auftreten. Sie ignorieren es eine Zeit lang, dann führen sie mehr oder weniger einfühlsame Einzelgespräche. Hilft das nicht, dann verordnen sie gerne ein Team-Building-Seminar. Es gibt eine Reihe von Situationen, in denen Team-Building-Seminare positiv wirken. Herrscht aber Uneinigkeit über das gemeinsame Ziel, dann wirken sie nicht.

Stellen Sie sich ein Ehepaar vor. Beide berufstätig, streiten sich die beiden jeden Abend um die Hausarbeit. Sie kann sich erst entspannen, wenn alles aufgeräumt ist, für ihn ist Aufräumen das Gegenteil von Entspannen. Wer kümmert sich um die Wäsche, wer belädt die Spülmaschine, wer wischt, wer kocht? Sie will die Aufgaben verteilen, er sieht die Notwendigkeit der Aufgaben nicht.

Schließlich einigen sich die beiden: Wir brauchen eine Team-Building-Maßnahme. Sie buchen einen All-inclusive-Klub-Urlaub – und sofort gibt es keinen Streit mehr. Wie auch, die Vollverpflegung schmeckt hervorragend, der Zimmerservice ist tadellos. Mit den besten Vorsätzen, die Harmonie des Urlaubs auf den Alltag zu übertragen, kehrt unser Ehepaar zurück. Kaum haben sie die Haustür hinter sich geschlossen, beginnt der Streit über das Spülen, Wischen, Staubsaugen oder Blumengießen von Neuem.

Die psychologische Mechanik dahinter: Es gibt eine Sachebene und eine Beziehungsebene. Team-Building-Seminare wirken auf der Beziehungsebene. Sie stärken das Zusammengehörigkeitsgefühl und den Teamgeist. Sie klären aber überhaupt keine Sachkonflikte. Das Team versteht sich anschließend für eine Weile besser, aber die Ursache für die Konflikte bleibt – und das gemeinsame Ziel ist so weit entfernt wie zuvor.

Ein anderer Ansatz verschärft in nahezu allen Fällen die Situation: Ein externer Berater kommt mit detaillierten Zielvorgaben für jeden

Bereich. Sie können sicher sein, dass die Mannschaft jetzt sehr schnell ein Alignment darüber herstellt, dass diese Ziele nicht erreichbar sind. Die Folge ist, dass das Team eine Unmenge von Energie aufwendet, um die Ziele als völlig unrealistisch zu entlarven.

Alignment erfordert gemeinsame Ziele und Wertmaßstäbe.

Zugvögel erreichen instinktiv ein vollkommenes Alignment, weil alle das gleiche Ziel verfolgen. Das Zugvogel-Prinzip setzt auf diesem Ansatz auf. Das Team muss die gemeinsamen Ziele selbst auf der Basis eigener Daten entwickeln. Das allein reicht aber noch nicht. Es müssen auch gemeinsame Wertmaßstäbe definiert werden, die den Zielerreichungsgrad messen.

Warum ist die Einigkeit über die Wertmaßstäbe wichtig? Stellen Sie sich vor, Sie sind Programmdirektor eines öffentlich-rechtlichen Senders. Sie haben gemeinsam mit Ihrem Team das Ziel erarbeitet, ein qualitativ anspruchsvolles Programm zu senden. Woran soll das gemessen werden? An den Zuschauerquoten oder der Anzahl der Grimme-Preise?

Wenn darüber keine Einigkeit besteht, sind Konflikte vorprogrammiert. Ist eine Volksmusiksendung erfolgreich, weil sie viele Zuschauer erreicht, aber, zugegeben, nur einen geringen intellektuellen Anspruch hat? Oder ist das Kammerspiel erfolgreich, das in der Nacht zwar nur wenige Hundert Zuschauer hatte, aber auf den Feuilletonseiten der großen Zeitungen gelobt wurde?

Auch in Unternehmen gibt es immer wieder unterschiedliche Bewertungsmaßstäbe für den Erfolgsbeitrag von Maßnahmen und Abteilungen. Ist eine Werbekampagne dann erfolgreich, wenn die Webseite sprunghaft höhere Besucherzahlen hat, sie Werbepreise einheimst oder eine messbare Umsatzsteigerung nach sich zieht? Wie bewertet ein Unternehmen eine Vertriebsmannschaft, die zwar Umsatzsteigerungen erzielt, aber dafür geringere Margen in Kauf nimmt?

In vielen Unternehmen ist es üblich, dass die einzelnen Unternehmensbereiche regelmäßig einen Bericht über ihre Tätigkeit präsentieren. Dabei kann es ausgesprochen kreativ zugehen, denn die Bereichsleiter definieren ihre Erfolgskriterien oft genug selbst. Da präsentiert der Leiter Forschung und Entwicklung stolz die Zahl der Patente, der Vertriebsleiter die Marktanteilsgewinne und der IT-Leiter die Zahl der Updates. Aber was bedeuten diese Ergebnisse für das Unternehmen? Jeder ist von seinem eigenen Erfolg überzeugt und ist bei den anderen eher skeptisch. Auch die Geschäftsführung ist überfordert, denn es gibt keine gemeinsame Währung, mit der sie die einzelnen Beiträge vergleichen kann.

Alignment erfordert beides: ein gemeinsames Ziel und von allen akzeptierte Kriterien, den Erfolgsfortschritt zu messen. Das Zugvogel-Prinzip basiert darauf, dass Teams beides, Ziel und Wertmaßstäbe, selbst entwickeln. Erst dann können sie die Vorteile eines Teams, die Schwarmintelligenz, nutzen, um gemeinsam mehr zu erreichen. In den folgenden Kapiteln werden wir immer wieder darauf zurückkehren und Methoden vorstellen, mit denen Unternehmen gemeinsame Ziele und Messgrößen erreichen.

## ■ 2.3 Das Kernteam für Veränderungen

Veränderungsprozesse und das dazu notwendige Alignment können nicht einfach von oben befohlen werden. Vielmehr erfordern sie eine Kerngruppe von „Veränderungswilligen“, die in die Organisation hineinwirken und Veränderungen vorantreiben. Die Verbesserung der Unternehmensleistung beispielsweise ist der weitreichendste Veränderungsprozess, der alle Unternehmenseinheiten betrifft. Da bietet sich an, das Führungsteam zum Kernteam des Change-Prozesses zu machen.

Das ist aber noch ein bisschen allgemein, hier ein paar präzisierende Auswahlregeln.

**VERÄNDERUNGSTEAM – AUSWAHLREGELN**

- Auswahlregel 1: Der auftraggebende Chef gehört ins Team. Er ist wichtig für die Gruppendynamik. Vor allem beweist er mit seiner Präsenz und seinem Engagement die Ernsthaftigkeit des Projekts.
- Auswahlregel 2: Die Teammitglieder decken die wesentlichen Funktionen des Unternehmens ab. Stellen Sie sich vor, das Team will Maßnahmen zum Umsatzwachstum einleiten und der Vertrieb sitzt nicht mit am Tisch? Außerdem wird es sehr wahrscheinlich sein, zur Leistungssteigerung bereichsübergreifende Maßnahmen zu starten. Die Vollständigkeit des Teams ist wichtig!
- Auswahlregel 3: Die Teammitglieder müssen Entscheidungsgewalt haben, also keine Hilfsfunktionen oder Stabsstellen repräsentieren. Das Team muss in kurzer Zeit viele Entscheidungen treffen. Die einzelnen Teammitglieder müssen die Verantwortung für die Umsetzung der Maßnahmen übernehmen. Das funktioniert nicht, wenn bei jeder Entscheidung erst einmal beim jeweiligen Vorgesetzten nachgefragt werden muss.

In Unternehmen mit mehreren Geschäftsbereichen ist es sinnvoll, neben dem Sprecher der Geschäftsführung oder des Vorstands und dem Finanzchef die ergebnisverantwortlichen Leiter der Geschäftsbereiche in das Kernteam einzubinden. Nach den ersten Workshops bauen dann die Geschäftsbereiche zusätzlich eigene Veränderungsteams auf.

Eine Erfahrung, bevor wir mit dem Prozess starten: Erfolgreiche Veränderungsprojekte in Unternehmen beginnen immer von oben! Wir haben Beispiele erlebt, dass von unten angestoßene Veränderungsprojekte sehr lange dauern und bei der Unternehmensleitung große Irritationen und Lähmung erzeugen.

## Literatur

Dick, Rolf van; West, Michael A.: *Teamwork, Teamdiagnose, Teamentwicklung. Praxis der Personalpsychologie.* 2. überarbeitete und erweiterte Auflage, Hogrefe 2013

Drucker, Peter F.: „Der Traum vom Team". In: *Harvard Business Manager,* Juli 2003

Scheidweiler, Thomas: *Die Logiken strategischen Managements. Zum Verhältnis zwischen Strategie und Umsetzung.* Hampp 2006

Sencar, Peter M.: „Was Teams wirklich erfinderisch macht". In: *io management,* 5/2000, S. 56 - 62

Surowiecki, James: *Die Weisheit der Vielen. Warum Gruppen klüger sind als Einzelne.* Goldmann 2007

Will, Franz: „Team-Erfolge sind harte Arbeit". In: *VDI Nachrichten,* 19. September 2002

# 3 Das Omertà-Dilemma auflösen

*Sammeln zum Aufbruch –*
*oder warum es uns so schwerfällt,*
*Veränderungsprozesse einzuleiten*

## 3.1 Was bedeutet Omertà-Dilemma?

Wenn es Herbst wird, sammeln sich die Zugvögel. Sie fliegen nicht gleich los, sondern bilden erst kleine Schwärme. Sie fliegen gemeinsam auf, üben ihre Formation und landen. Das wiederholen sie in immer größeren Gruppen. Dabei zwitschern, krächzen und schnattern sie unentwegt, fast als ob sie sich gegenseitig Mut machen.

Dieses Verhalten ist rein instinktgesteuert. Wir Menschen setzen dagegen auf Vernunft, zumal im Wirtschaftsleben. Dabei spielen uns aber Überreste unserer „Grundprogrammierung", unseres Instinktes und tief verwurzelter Verhaltensschemata, immer wieder Streiche. Wir verhalten uns nur scheinbar durchgängig rational. Damit verzögern wir Entscheidungen, weichen unangenehmen Dingen aus. Mehr noch, wir rationalisieren diese Abweichungen von der Vernunft. Darauf angesprochen, warum wir bestimmte Entscheidungen nicht fällen oder umsetzen, suchen und finden wir scheinbar sachliche Argumente.

Wir verschließen die Augen vor Problemen und absehbaren Gefahren. Wir ignorieren nicht nur Tatsachen, sondern wir verdrehen sie teilweise sogar. Damit stehen wir uns selbst im Weg und verhindern notwendige Veränderungen. Selbst wenn wir uns endlich entschlossen haben, Veränderungen anzugehen, verzögern wir die Umsetzung. Wir suchen Sicherheit durch Perfektion, durch umfangreiche Berechnungen aller Optionen. Bis dann der Startschuss fällt, ist wertvolle Zeit verloren gegangen.

Kennen Sie die Omertà, das Mafia-Gesetz des Schweigens? Niemals darf ein Mitglied der Mafia Behörden gegenüber reden. Eher geht ein Mitglied der Mafia für eine nicht begangene Straftat ins Gefängnis, als gegen die Omertà zu verstoßen. In Italien mag das ja funktionieren, aber Deutschland und Omertà, das ist doch weit hergeholt, oder etwa nicht?

Im Alltag schweigen Menschen häufig nach diesem Muster, obwohl sie dadurch Unannehmlichkeiten, teilweise sogar massive Nachteile in Kauf nehmen müssen. Es gibt in Familien Rituale wie das Weihnachtsessen, mit dem wir als Kinder aufgewachsen sind. Wir haben den fetten Räucheraal, den Heringssalat, die Weißwürste zunächst geliebt. Später haben wir sie nur noch gegessen, weil es eben Tradition war. Noch später, schon längst zu Hause ausgezogen, haben wir die Eltern zu Weihnachten besucht. Sie tischten jedes Mal wieder die gleichen Speisen auf, die uns längst nicht mehr schmeckten. Aber wir haben nichts gesagt, weil wir die Eltern nicht kränken wollten. Wenn wir es angesprochen hätten, dann wäre es mit Sicherheit zu Irritationen gekommen, es hätte Grundsatzdiskussionen gegeben – das war uns der Aufwand nicht wert.

Irgendwann mussten die Eltern die Ernährung umstellen und versuchten, es uns schonend beizubringen: „Ehrlich gesagt sind wir froh, dass wir endlich etwas Leichteres zu Weihnachten essen können, das schwere Zeugs haben wir immer nur für euch zubereitet." 40 Jahre gemeinsames Schweigen, obwohl alle unzufrieden waren. Der Hintergrund: Wir haben über einen langen Zeitraum Harmonie höher bewertet als unser Wohlbefinden, als unsere Überzeugung. Wir haben lieber geschwiegen, anstatt unangenehme Rahmenbedingungen auch nur anzusprechen.

Dieses Phänomen nennen wir Omertà-Dilemma, und es ist allgegenwärtig. Es gibt eine Reihe von Ausprägungen: das gemeinschaftliche Verschweigen von Wahrheiten, das Pflegen von Mythen und das Schwelgen in Heldengeschichten. Beginnen wir dem Schweigen.

Denken Sie an den Sportverein, in dem der Vorsitzende seit 20 Jahren die Zügel in der Hand hält. Alle spüren, dass neue Impulse notwendig sind, um den Verein mit jungen Mitgliedern aufzufrischen, aber keiner spricht es aus, um den verdienten Vorsitzenden nicht zu kränken. Obwohl es die meisten besser wissen, sehen sie schweigend zu, wie ihr Verein vergreist und unattraktiv wird.

Schweigen um der Harmonie willen kann rational sein.

Sie haben sicher Freunde, Bekannte, ehemalige Kommilitonen, in deren Unternehmen genau dieses Omertà-Dilemma Realität ist. Ihnen gegenüber, im privaten Kreis, sezieren sie genau die Schwachstellen und Gefahren, gefolgt von: „Aber das Management macht fest die Augen zu." Wissen Sie was? Wenn Sie zufällig mehrere Bekannte in einem Unternehmen haben, können Sie ja einen Versuchsballon starten. Wenn Sie aus den Gesprächen mit einem Bekannten die Probleme erfahren haben, sprechen Sie einen anderen Bekannten aus demselben Unternehmen darauf an. Sie werden in den meisten Fällen erleben, dass Sie heftige Bestätigung ernten – und als Insider gelten.

Ebenso interessant ist es, die Reaktionen auf die offiziellen Pressestatements zu beobachten: Hat das Unternehmen wirklich eine bahnbrechende Innovation entwickelt, oder schlagen sich die Kollegen in der Kaffeeküche vor Lachen auf die Schenkel? Oder schlimmer noch, zucken sie nur noch mit den Schultern? Wenn Sie aber fragen, ob Ihre Gesprächspartner das bei den offiziellen Meetings ansprechen, dann ist die Reaktion vorhersehbar: „Bist du verrückt? Das hat doch gar keinen Sinn."

Nach der Pubertät und dem Studium verlieren die meisten Menschen die Lust an der Provokation, weil sie die Kosten der Isolation fürchten. Auf der einen Seite steht die eigene Wahrnehmung, die von der offiziellen Gruppenmeinung abweicht: „Unser Verein ist toll und ist attraktiv für junge Leute. Aber die jungen Leute wollen sich nicht anstrengen, darum bekommen wir so wenige Neumitglieder." Diese Argumentationskette ist offizieller Konsens. Sollen Sie diese Harmonie stören, ein mehr auf Jugendliche abgestelltes Training mit Spaßeinheiten vorschlagen und damit zum Außenseiter werden? Dann stehen Sie isoliert da – und Sie haben nichts geändert. Rein nach Kosten und Nutzen berechnet, ist ein Stützen der Omertà für jeden Einzelnen rational.

Bei einer Präsentation des Zugvogel-Prinzips vor dem Vorstand eines deutschen Großunternehmens stellten wir auch das Omertà-Dilemma vor. Die spontane Reaktion der Zuhörer, teilweise die erste Führungsebene: „Das ist ja wohl vor allem ein Thema für kleine Mittelständler und Familienunternehmen. Bei uns kann es so etwas strukturell nicht geben. Nächstes Slide bitte.“ Raten Sie einmal, was einzelne Teilnehmer in vertraulichen Einzelgesprächen zu diesem Thema sagten …

Auch Großunternehmen sind nicht immun gegen das Omertà-Dilemma.

Theoretisch spricht ja einiges dafür, dass Großunternehmen strukturell gegen das Omertà-Dilemma abgesichert sind. Sie beschäftigen eine Vielzahl von hoch qualifizierten, selbstbewussten Spezialisten. Marktforschung, Kundenzufriedenheitsanalysen und objektivierte Reviews eigener F&E-Projekte decken Schwachstellen schonungslos auf. Außerdem herrscht doch dort ein so großer Konkurrenzdruck unter den Führungskräften, dass die schon gegenseitig die faulen Eier ausgraben.

So weit die Theorie, aber warum merkte das Management 2012 erst vier Monate vor dem bereits verschobenen Eröffnungstermin, dass der Flughafen Berlin noch ein paar Baumängel hatte? Warum konnte bei ThyssenKrupp der Bau zweier Stahlwerke über Jahre hinweg völlig außer Kontrolle geraten? Wie konnten Thalia und Hugendubel parallel zum Siegeszug von Amazon die Verkaufsfläche für Bücher in den Innenstädten vervielfachen? Hat denn kein Manager gesehen, dass die Verkaufsströme Jahr für Jahr ins Internet abwanderten?

Das Omertà-Dilemma ist ein Überbegriff für verschiedene Ausprägungen des Schweigens bis hin zum Selbstbetrug durch Illusionen und der Realitätsverdrängung durch Mythen. Sie können selbst Global Player blenden und an den Rand des Scheiterns bringen.

## 3.2 Schweigen: Was nicht angesprochen wird, gibt es nicht

Ein Technologieunternehmen setzt in einer hochkompetitiven Hightech-Branche Maßstäbe: Weltmarktführer seit 1998, Weltmarktanteil 2007 nahe 40 Prozent. Das Unternehmen ist hochprofitabel, investiert enorme Summen in F&E und produziert seine Geräte günstiger als jeder Wettbewerber. Wir reden von Nokia. Erinnern wir uns zurück: Richtig, Nokia war damals fast überall, hatte eine vernünftige Menüführung für das Telefonieren und SMS-Schreiben.

Aber dann brachte ein kanadischer Wettbewerber den ersten Blackberry auf den Markt, der sich schnell mit seiner E-Mail-Funktion als Lieblings-Hightech-Gerät bei Geschäftsleuten weltweit durchsetzte. Die Reaktion von Nokia? Nicht erkennbar. Das Unternehmen hatte nach wie vor steigende Absatzzahlen und fühlte sich technologisch überlegen. Branchenexperten warnten, dass damit ein neues Segment entstehe, Nokia kündigte Einfach-Handys für Schwellenländer an.

Dann kam 2007 der zweite Einschlag mit dem iPhone von Apple. Offizielle Reaktion von Nokia: Das ist kein ernst zu nehmendes Wettbewerbsprodukt. Gehen wir realistischerweise davon aus, dass bei Nokia erfahrene Manager und Spezialisten auf allen Ebenen die Bedrohung durchaus erkannt haben – und das sehr früh. Ob sie es angesprochen haben, wissen wir nicht, wir wissen aber sehr wohl, wie Nokia in einer Pflichtveröffentlichung für die amerikanischen Börsen (*Form 20-F 2009*, http://i.nokia.com/blob/view/-/165232/data/5/-/form20-f-09-pdf.pdf, S. 44) die Marktentwicklung offiziell einschätzte:

> „Our competitors use a wide range of strategies and tactics. Some of our competitors, in particular the new industry entrants, use aggressive pricing and marketing strategies, alternative design approaches and technologies. Competing software platforms include Android, developed by the Open Handset Alliance; Blackberry OS, developed by Research in Motion; iPhone OS, developed by Apple; and Windows Mobile, developed by Microsoft. Certain competitors

> choose to accept significantly lower profit margins than we are targeting."
>
> Unsere Wettbewerber nutzen ein weites Spektrum an Strategien und Taktiken. Einige Wettbewerber, besonders Markteinsteiger, setzen aggressive Preis- und Marktstrategien, alternative Designansätze und Technologien ein. Zu den konkurrierenden Softwareplattformen zählen Android, entwickelt von der Open Handset Alliance; Blackberry OS, entwickelt von Research in Motion; iPhone OS, entwickelt von Apple; und Windows Mobile, entwickelt von Microsoft. Einige Wettbewerber haben entschieden, deutlich geringere Margen zu akzeptieren, als wir sie akzeptieren.

Apple muss viele Anschuldigungen ertragen, aber dass dieses Unternehmen geringe Margen in Kauf nimmt, gehört nicht dazu. Glauben wir an einen kollektiven Blackout des Nokia-Marketings, des Produktmanagements, der F&E, der ersten, zweiten und dritten Führungsriege?

Nun, zumindest werden die Hauptgefahren benannt: alternative Softwareplattformen, Blackberry und iPhone. Gehen wir also davon aus, dass diese Wettbewerber in zahlreichen Meetings thematisiert wurden. Die Organisation hat sie also nicht einfach ignoriert, sondern hat fest an eine Illusion geglaubt: „Wir sind der Weltmarkt- und Technologieführer."

Diese Selbsteinschätzung, diese Überheblichkeit pflegen erstaunlich viele Unternehmen aller Branchen. Die Bedrohung, ein Technologiewechsel zu Smartphones und neuen Geschäftsmodellen, ignorierte Nokia offiziell und in der bitteren Realität. Stattdessen eine gefällige PR-Argumentation über den bösen Wettbewerb, der sich mit geringeren Margen zufriedengibt.

Aber jedem Nokia-Manager, dessen Kinder sich ein iPhone wünschten, war bei einem Blick auf den Preis klar, dass Apple mit Sicherheit keine geringere Marge als Nokia akzeptierte.

Außenstehende Branchenexperten warnten schon bei Markteinführung von Blackberry und iPhone, dass sich die Spielregeln ändern werden. Aber je lauter die Kritik wurde, desto fester schloss sich die Wagenburg, desto intensiver lebte Nokia das Omertà-Dilemma. Der Weltmarktanteil von fast 40 Prozent im Jahr 2007 stürzte innerhalb von sechs Jahren auf weniger als 20 Prozent.

Der einstige hochprofitable Kraftprotz aus Finnland wurde zu einem Sanierungsfall, der nach eigenen Angaben allein im ersten Quartal 2012 einen operativen Verlust von 1,3 Milliarden Euro einfuhr. Erst ein neuer, von außen kommender Vorstandsvorsitzender überwand das Omertà-Dilemma und sprach die unliebsame Wahrheit aus – ob noch rechtzeitig, wird die Zeit zeigen. Auf jeden Fall hat das Unternehmen wertvolle Jahre verloren. Das Festhalten an Illusionen hat Nokia in Lebensgefahr gebracht.

Erfolg kann blind für Veränderungen machen.

In der Militärgeschichte gilt die Erkenntnis, dass die Verlierer eines Krieges wesentlich mehr lernen als die Sieger. Die Verlierer setzen viel eher auf Reformen und sind offener für neue Taktiken und Technologien. Das ist nur zu verständlich. Wenn ein General mit seiner Taktik gewonnen hat, warum sollte er beim nächsten Mal diesen Erfolg gefährden, indem er etwas Neues ausprobiert? Dieser Mechanismus greift auch im Wirtschaftsleben. Nokia hatte seine Marktführerschaft zahlreichen Testberichten zufolge im Wesentlichen einem Faktor zu verdanken: Die Bedienung der Handys war einfach und blieb über die verschiedenen Modellgenerationen gleich.

Die feste Überzeugung: Der Kunde will, dass wir diese Bedienführung beibehalten. Die veränderten Zusammenhänge: Während des Aufstiegs von Nokia waren die Handys der Wettbewerber oft grottenkompliziert zu bedienen. Nach der berechtigten Schelte der Fachpresse nahmen sie bei den nächsten Modellen einen neuen Anlauf und verschlimmbesserten die Bedienung. Nokia dagegen hatte eine klare und einfache Bedienung entwickelt und hielt bei allen Modellen und

Generationen daran fest. Das steigerte die Markenloyalität der Konsumenten, weil sie die einfache Bedienung schätzten.

Durch die Entwicklung von Smartphones potenzierten sich plötzlich die Funktionen, und die berührungsempfindlichen Displays eröffneten völlig neue Möglichkeiten. Damit sah die Bedienführung von Nokia, entwickelt für die Hauptfunktion eines Handys, nämlich Telefonieren, plötzlich nicht mehr einfach, sondern rückständig aus. Der Kundenwunsch war einfache Bedienung. Nokia übersetzte es mit: Die Kunden wollen unsere bewährte Menüführung. Aus diesem Missverständnis heraus konnte Nokia aber nicht reagieren, weil der Kunde doch die bewährte Bedienung wollte ...

Beim Omertà-Dilemma sind unangenehme Fakten bekannt, aber sie werden gemeinschaftlich verschwiegen. Es beginnt damit, dass Probleme nicht angesprochen werden, wenn sie noch überschaubar sind. So etwas passiert häufig, aus Bequemlichkeit oder aus falsch verstandener Loyalität. Dann wächst das Problem, und weil wir wissen, dass wir es längst hätten ansprechen sollen, entsteht ein Gefühl von Schuld und Scham. Dieses Gefühl wächst mit jeder verpassten Gelegenheit, das Problem anzusprechen.

Beim gemeinschaftlichen Verschweigen von Problemen wissen die einzelnen Beteiligten, dass es ein Problem gibt, sprechen es aber nicht an. Es gibt aber noch wesentlich stärkere Ausprägungen der Realitätsverweigerung.

## 3.3 Mythen: Realitätsverlust aus Überzeugung

In Unternehmen prägen Mythen die Unternehmenskultur. Sie geben ein festes Gerüst aus Überzeugungen, warum dieses Unternehmen erfolgreich war, ist und sein wird. Die Mythen erzeugen einen massiven Gruppendruck. Sie beruhen auf festen Überzeugungen. Es sind verallgemeinerte Aussagen über Ereignisse, bei denen entweder bestimmte Umstände getilgt oder in einen anderen Zusammenhang gestellt werden. Wir sind überzeugt, dass es in jedem Unternehmen solche Mythen gibt.

„Wir sind Technologieführer, wir sind Premium, die Kunden bleiben uns schon treu." Das sind weitverbreitete Mythen in der Unternehmenswelt, deren Wahrheitsgehalt in den seltensten Fällen geprüft wird. Schlimmer noch, abweichende Erkenntnisse werden schlicht ignoriert oder umgedeutet. Dieses Verhalten ist seit mehr als 60 Jahren, erstmals von Solomon Asch, wissenschaftlich nachgewiesen.

**KONFORMITÄTSDRUCK VERÄNDERT WAHRNEHMUNG**

1951 zeigte Solomon Asch, einer der Pioniere der Sozialpsychologie, wie stark sich Menschen durch Gruppenzwang beeinflussen lassen. In einer Experimentreihe saßen immer mehrere Personen im Raum, aber nur eine war die eigentliche, unwissende Testperson. Die anderen waren vorher instruiert. Davon wusste die Testperson aber nichts. Die Aufgabe bestand darin, gleich lange Linien zu bestimmen. Das war nicht schwierig, und die Versuchspersonen erfüllten die Aufgabe mit Bravour. Dann wichen die eingeweihten Versuchsteilnehmer plötzlich von der Realität ab und bezeichneten unisono eindeutig abweichende Linien als gleich lang. Bis zu 75 Prozent der Versuchspersonen schlossen sich der Mehrheit an, obwohl sie keine Sanktionen zu befürchten hatten. Sie logen nicht einfach nur aus Bequemlichkeit, sie erkannten vielmehr die Mehrheitsmeinung als Realität an. ■

Solchen Mythen können Kernbranchen der deutschen Industrie erliegen: 1997 brachte Toyota mit dem Prius das erste Serienfahrzeug mit Hybridantrieb auf den Markt. Die deutschen Hersteller setzten damals vor allem auf den Dieselmotor, und sie gaben dem Hybridantrieb keinerlei Aussicht auf Erfolg. Das Wort Hybrid taucht im Jahresbericht des Verbands der Automobilindustrie 1998 gar nicht auf. Auch als Toyota bereits mehr als eine Million Prius verkauft hatte, blieb die deutsche Automobilindustrie auf Kurs. Im VDA-Jahresbericht 2007, der Prius hatte längst einen festen Platz in den Fuhrparks der kalifornischen High Society, schätzte sie die Situation so ein:

> „... wir bieten Modelle an, die einem Hybrid aus japanischer Fertigung nicht nur beim $CO_2$-Wert überlegen sind, sondern darüber hinaus auch noch einen Preisvorteil in fünfstelliger Höhe bieten. In unseren Unternehmen ist etliches in der Pipeline, beispielsweise sind bereits Autos in der Planung, die weniger als drei Liter Kraftstoff auf 100 Kilometer benötigen werden.
>
> Der Hybrid ist im Übrigen für die deutschen Hersteller eine Option unter mehreren. Auf der IAA Pkw im September in Frankfurt werden zahlreiche Modelle hierzu zu sehen sein. Im Stop-and-go-Verkehr hat der Hybrid durchaus seine Vorteile, doch bei längeren Strecken hat der Clean Diesel die Nase vorn. Wir sind da, wenn der Markt danach verlangt. Derzeit liegt der Marktanteil von Hybrid-Pkw allerdings noch bei lediglich 0,3 Prozent. Da wurde nichts verpasst!"

Wir schreiben 2013, die japanischen Hersteller haben nach eigenen Angaben mehr als 4,4 Millionen Hybridautos verkauft. Deutsche Hersteller haben diese Entwicklung fast 15 Jahre ignoriert, weil der Mythos Dieselmotor sie daran hinderte, diese Entwicklung frühzeitig nachzuvollziehen.

Aber das richtige Erkennen von Trends in einem Bereich schützt nicht vor dem Omertà-Dilemma und Mythen in anderen Bereichen. Auch dafür ist Toyota ein prominentes Beispiel. Spätestens seit der berühmten MIT-Studie *Die Zukunft des Automobils*, 1984, gilt Toyota in der Automobilindustrie als der Qualitätschampion. Das hat das Unternehmen dermaßen verinnerlicht, dass es offensichtlich nicht einmal Notfallpläne in der Schublade hatte für den Fall, dass doch einmal massive Qualitätsprobleme auftreten.

Amerikanische Aufsichtsbehörden und Gerichte zwangen Toyota in den USA, mehrere Millionen Pkw wegen klemmender Gaspedale, rutschender Fußmatten und defekter Bremsen zurückzurufen. Die öffentliche Wirkung war katastrophal, und das Unternehmen erlitt massive Imageschäden und verlor Marktanteile. 2010 musste der publikumsscheue Toyota-Chef Akio Toyoda vor dem US-Kongress und laufenden Fernsehkameras zugeben, dass es über Jahre erhebliche Qualitätsmängel bei Toyota gab, einem Unternehmen, das wie kein anderes Unternehmen davon überzeugt war, nein, im tiefsten Inneren wusste, dass es Null-Fehler-Qualität verwirklicht hat.

## 3.4 Einer ist der Schuldige

Was ist der psychologische Hintergrund? Es geht um Schuld und Scham, eine in Deutschland besonders ausgeprägte Eigenschaftskombination. Missstände anzusprechen heißt immer noch, Schuld zuzuweisen. Es gibt drei Möglichkeiten, mit Schuld und Scham umzugehen: Wir finden einen anderen Menschen oder Umstände, die den Missstand verursacht haben. Oder wir schweigen, weil wir uns selbst die Schuld geben und uns schämen.

**KONRAD ADENAUER: WAS INTERESSIERT MICH MEIN GESCHWÄTZ VON GESTERN**

Bei der Omertà hier beginnt ein interessanter psychologischer Mechanismus in zwei Stufen. Einerseits wissen wir, dass es einen Missstand gibt. Andererseits schweigen wir dazu. Dabei sind wir doch ein verantwortungsvoller Manager. Das passt nicht zusammen. Also muss sich eine der beiden Informationen verändern. Entweder ist der Missstand nicht so schlimm, oder es gibt einen guten, verantwortungsvollen Grund zum Schweigen. Dann entstehen Begründungen wie: Das Problem sehe ich wohl, aber es gibt im Augenblick wichtigere Sachen. Oder: In der augenblicklichen Situation können wir keine Differenzen gebrauchen. Oder noch rationaler: Das hat jetzt keine Priorität eins.

Die Psychologen nennen dieses Verfahren „kognitive Dissonanz". Im Volksmund ist es auch als „Schönreden" bekannt. Dann greift der zweite Mechanismus, die Commitment-Falle. Hat man erst einmal laut und deutlich am besten vor Publikum vertreten, dass der eingeschlagene Weg der richtige ist, ist es noch schwerer, einen Schritt zurück zu gehen. Man hat ja praktisch sein Wort gegeben, dass man dahintersteht. Damit steigt die Tendenz, diese Position weiter zu vertreten. Nicht umsonst gilt die Formulierung „Was interessiert mich mein Geschwätz von gestern" nicht unbedingt als Ausdruck eines ehrenwerten Charakters. Andererseits hat diese Einstellung Konrad Adenauer, dem diese Formulierung immer wieder zugeschrieben wird, äußerst beweglich und offen für neue Entscheidungen gemacht. ■

Eine dritte, eher seltene Reaktion ist es, die Scham über das Versagen mit Schamlosigkeit zu überspielen. Vielleicht kennen Sie die Situation auf Vertriebstagungen, wenn ein alter „Kämpe", kurz vor der Pensionierung, sich opfert und alle Missstände höchst emotional anprangert? Die normale Reaktion: allgemeines betretenes Schweigen, der nächste Tagesordnungspunkt und ein dienstzeitbeendendes Gespräch mit der Personalabteilung.

Schuldzuweisungen helfen nicht weiter.

Wir alle kennen die Risikofaktoren für einen Herzinfarkt: Stress, Bewegungsmangel, Übergewicht, Alkohol, Tabak und ungesunde Ernährung. Wenn wir wollen, können wir diese Risikofaktoren mit einiger

Disziplin minimieren. Vordergründig bedeutet das einen Verlust an Lebensqualität, langfristig erreichen wir damit eine Lebensverlängerung. Gibt es solche Risikofaktoren auch für das Omertà-Dilemma. Ja, und sie sind ebenfalls vordergründig unangenehm.

Es gibt drei zentrale Risikofaktoren, die das Omertà-Dilemma begünstigen (Bild 3.1):

- *Faktor 1: Eine seit vielen Jahren eingespielte Führungsmannschaft*

  Wie in einer langen Partnerschaft schleifen sich in seit vielen Jahren eingespielten Führungsmannschaften Rituale, gemeinsame Werturteile und Präferenzen ein. Was nicht hineinpasst, wird ausgeblendet, wer sie nicht teilt, schweigt oder geht. Das Omertà-Dilemma, mit seinen Illusionen und Mythen, hat die Eigenschaft, sich mit der Zeit zu verstärken. Unangenehme Wahrheiten werden ausgeblendet, und man möchte den anderen nicht verletzen. Also umgehen wir unangenehme Themen so lange, bis sie uns unabwendbar einholen.

- *Faktor 2: Eine starke Unternehmenskultur*

  Wir bewundern Unternehmen, die voller Selbstbewusstsein einen Premiumanspruch leben oder die Technologieführerschaft über Jahrzehnte verteidigen. Tief in der DNA des Unternehmens, vom CEO bis zum Pförtner, ist dieser Anspruch verankert - und er ist einer der wichtigsten Erfolgsfaktoren.

  Was passiert aber, wenn der Hersteller der besten Autos der Welt schleichend Marktanteile im Kerngeschäft der oberen Mittelklasse verliert und sich auf Platz drei wiederfindet? Dann müssen die Kunden falsche Maßstäbe anlegen.

  Die deutschen Druckmaschinenhersteller hatten nahezu die gesamte weltweite Konkurrenz vom Markt verdrängt. Bis weit nach der Jahrtausendwende hatten sie ein überaus hoch entwickeltes Selbstbewusstsein. Die Unternehmensleitungen, die Inbetriebnehmer, die Spezialisten in der Montage und die Kaufleute in der Verwaltung waren sich einig: Wir sind die Besten der Welt, und wir werden noch in 30 Jahren den Markt beherrschen. Ja, sie waren und sind die Besten ihrer Branche. Allerdings schrumpft der Markt für Druckmaschinen seit Jahren so stark, dass es mittlerweile für fast alle großen Spieler ums nackte Überleben geht. Welche Erklärung gibt es dafür, dass eine ganze Branche die Veränderungen durch das Internet völlig ausgeblendet hat?

- *Faktor 3: Eine homogene Führungsmannschaft*

  In vielen erfolgreichen mittelständischen Unternehmen sind fast alle Führungskräfte im Umkreis von 50 Kilometern aufgewachsen oder haben an der gleichen Universität verwandte Fächer studiert. Großunternehmen treiben einen erheblichen Aufwand, um in Assessment-Centern genau die Persönlichkeiten herauszufiltern, die ein für alle Führungskräfte definiertes Eigenschaftsprofil erfüllen.

  Der Vorteil liegt scheinbar auf der Hand: Ähnlich strukturierte Persönlichkeiten mit gleichen Verhaltensweisen und Wertmaßstäben arbeiten reibungsloser zusammen und stärken sich gegenseitig. Es geht sogar um mehr: Unternehmen wollen damit den Unternehmenserfolg von einzelnen Persönlichkeiten entkoppeln und auf die Prozessebene verlagern. Das Ziel ist die Austauschbarkeit von Führungskräften. Übrigens: Assessment-Center wurden erstmals im großen Stil bei der Reichswehr eingeführt, um ein homogenes Offizierskorps zu schaffen.

  In den 1980er-Jahren haben japanische Unternehmen mit homogenen Führungsmannschaften den Weltmarkt erobert. Aber sobald sich die Rahmenbedingungen dramatisch ändern, neigen homogene Organisationen zum Omertà-Dilemma hoch drei. Sony ist so ein Beispiel, die Banken sind ein anderes.

Heterogene Führungsmannschaften zeigen eine viel größere Immunität gegenüber der Omertà. Hier hilft eine gewisse Vielfalt im Managementteam. Ein wesentlicher und positiver Effekt von Frauen im Management ist, dass sie Männerrituale einfach nicht akzeptieren. „Die erste Regel des Fightclubs ist, wir reden nicht über den Fightclub.“ Homogene Führungsmannschaften sind besonders anfällig für die Omertà, weil niemand die ungeschriebenen Regeln verletzen will.

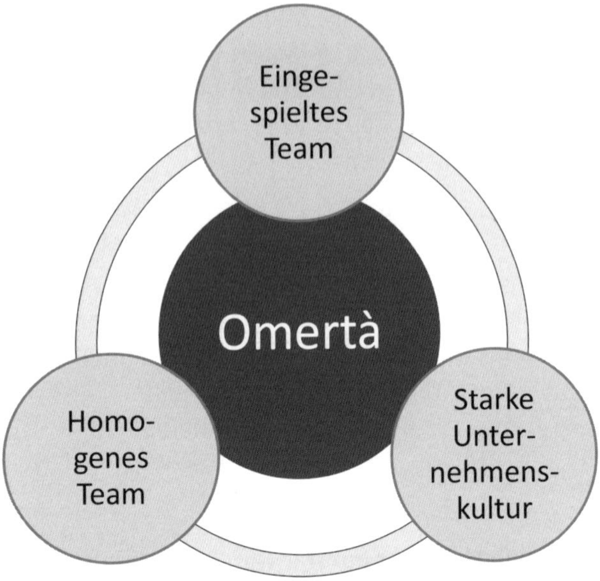


**Bild 3.1** Risikofaktoren für das Auftreten der Omertà im Unternehmensumfeld

Ist der einzige Ausweg aus dem Omertà-Dilemma also, den CEO durch einen absoluten Außenseiter auszutauschen wie bei Nokia? Nein! Können Unternehmen nur überleben, wenn sie ihre Führungsmannschaft umbauen und Frauen und Angehörige anderer Kulturkreise einbinden? Langfristig ist das ein Erfolg versprechender Weg. Aber das Zugvogel-Prinzip hilft, mit der aktuell vorhandenen Führungsmannschaft das Omertà-Dilemma zu überwinden.

Die Lösung muss von innen kommen.

Zunächst eine Methode, die garantiert nicht funktioniert: Sie stellen einen externen Experten vor die Crew, der Tacheles redet und die Wahrheiten ausspricht. Das Ergebnis: allgemeine Empörung, Verbrüderung selbst verfeindeter Führungskräfte gegen den Nestbeschmutzer. Die Erfahrung zeigt, dass das Omertà-Dilemma, das Schweigen um die eigentlichen Probleme herum, genauso wie Mythen nur von innen zu knacken ist. Aber die Gruppe braucht dazu externe Unterstützung.

## 3.5 Das Unfassbare konkret fassen

Das Omertà-Dilemma ist ein Gruppenphänomen. Um die heiklen Themen in einem ersten Schritt herauszufinden, beginnt der Zugvogel-Prozess grundsätzlich mit strukturierten Einzelinterviews der Führungskräfte, die zusammen das Kernteam des Veränderungsprozesses bilden. Diese Interviews dienen dazu, den Ist-Zustand des Unternehmens zu erfassen; in der nahezu intimen Atmosphäre eines Zweiergesprächs. In der Regel sprechen die Führungskräfte ehrlich den Unterschied zwischen ihrer persönlichen Meinung und der offiziellen Gruppenversion an. Manchmal brechen buchstäblich Dämme, weil der Interviewte unter dem gemeinsamen Schweigen des Führungskreises zu kritischen Themen leidet.

Immer wieder sprechen Führungskräfte unabhängig voneinander die gleichen kritischen Themen an, zu denen sie aber offensichtlich in offiziellen Besprechungen schweigen. Erst in einem Zweiergespräch, ohne Zeugen, ohne Gefahr, sich der eigenen Gruppe gegenüber zu entblößen, stellen sie ihre von der offiziellen Wahrheit abweichende Meinung dar. Dabei erhoffen sie sich oft, dass der Interviewer der Bote sein wird, der für sie die Kastanien aus dem Feuer holt. So funktioniert es aber nicht.

In den Gesprächen zeigt sich auch, wer die „Wächter der Omertà" sind. Das sind die Personen, deren persönliche Meinung mit der offiziellen übereinstimmt und die die Abweichungen davon bekämpfen oder bestrafen. Sie sorgen dafür, dass Informationen und Einschätzungen, die die offizielle Sichtweise stützen, ein prominentes Gewicht in Besprechungen bekommen. Informationen, die im Widerspruch stehen, werden entweder nicht geduldet, angezweifelt oder als Einzelmeinungen marginalisiert.

„Wettbewerber X soll technisch besser sein als wir? Ich bitte Sie, wir wissen doch, das sind Dampfplauderer, die haben einfach nur ein besseres Marketing. Das wissen auch unsere Kunden." In wie vielen Unternehmen werden die Wettbewerbsprodukte denn wirklich ehrlich analysiert? Viel lieber verlässt man sich auf die Aussagen wohlmeinender Kunden. Wie viele Vertriebsleute gehen nach einem entgangenen Auftrag zum Kunden und fragen nach, warum der Wettbewerb zum Zuge gekommen ist, und melden auch unangenehme Wahrheiten an die Unternehmensleitung?

---

Personen und Inhalte voneinander trennen.

---

In den Interviews sollte den Gesprächspartnern die Anonymität ihrer Einzelaussagen zugesichert werden. Nur in diesem Fall werden die Interviewten tatsächlich auch ehrlich antworten. Aber anonymisiert können (und müssen) diese persönlichen Meinungen im weiteren Prozess genutzt werden. Das Zugvogel-Prinzip trennt dazu die Personen von den geäußerten Differenzen. In späteren Diskussionen können immer wieder bestimmte Meinungsäußerungen aufgegriffen werden: „In den Einzelinterviews wurde speziell dieses oder jenes Thema angesprochen. Stimmt diese Meinung oder stimmt sie nicht?" Das trennt die Inhalte von den Personen und ermöglicht sachliche Diskussionen.

Ein Themenblock der Einzelinterviews sollte sich mit der Bestandsaufnahme der Omertà-Themen und der Mythen beschäftigen. Die Omertà-Themen sind Selbstläufer. Dazu reicht in der Regel ein kleiner Anstoß. „Was läuft schief?" oder: „Gibt es Probleme, die verschwiegen werden?" Die Fragen scheinen plump, aber sie funktionieren bei einem Unternehmensfremden in einer vertraulichen Situation eines Einzelinterviews. Die Führungskräfte sind in der Regel erleichtert, dass jemand diese Themen hören will, weil sie ihnen schon lange auf der Seele brennen. Es ist immer wieder überraschend, wie konsistent diese Zweifel in der Führungsmannschaft sind.

Ein Beispiel aus der Praxis: Stellen Sie sich ein Technologieunternehmen, sagen wir einmal aus dem Maschinenbau, vor. Die Firma war seit vielen Jahren in einer Nische erfolgreich, ein „Technologieführer". Aber seit einiger Zeit stagniert das Wachstum, die Marge erodiert. Im ersten Gespräch mit der Unternehmensleitung lernten wir mithilfe einer sehr schönen Unternehmenspräsentation das Weltbild des Unternehmens kennen: Die Kunden wollen keinen Standard, sondern maßgeschneiderte Lösungen, die nur dieses Unternehmen als Innovationsführer bieten kann.

In den Einzelinterviews beklagte der Entwicklungsleiter, dass der Vertrieb immer neue kundenspezifische Lösungen verkaufe. Das blockierte seine Abteilung für wirkliche Innovationen, weil sie im Tagesgeschäft völlig damit ausgelastet war, wenig innovative Varianten der vorhandenen Maschinen abzuarbeiten. Der Vertriebsmann schilderte, wie seine Versuche, die Kunden auf Standardlösungen zu ziehen, von der Geschäftsführung unterlaufen wurden. Wenn er einem Kunden einen Sonderwunsch verweigerte, rief der beim Inhaber an, der seinerseits sofort den Vertriebsleiter verdonnerte, diesen Sonderwunsch zu erfüllen.

Der Einkäufer raufte sich die Haare, wie viele Skaleneffekte er nicht nutzen konnte, weil nahezu jede Maschine eine Sonderanfertigung war. Alle wussten, dass die maßgeschneiderten Maschinen die Margen auffraßen und die Komplexität erhöhten. Aber keiner wagte es, dieses Thema offen innerhalb des Unternehmens anzusprechen.

Um die Omertà-Themen herauszufinden, reicht in den Einzelinterviews ein kleiner Anstoß. Bei den Mythen müssen wir subtiler vorgehen, weil hier die Führungskräfte keine Differenz zwischen Überzeugung und Wirklichkeit sehen. Um bei dem Beispiel des Maschinenherstellers zu bleiben: Das Omertà-Thema „maßgeschneiderte Lösungen" war sofort offensichtlich. Andererseits waren die Führungskräfte auch bei den Einzelinterviews davon überzeugt: „Wir sind eindeutig der Technologieführer, da reicht uns keiner das Wasser." Eine Vorab-Recherche hatte aber ergeben, dass dieser Anspruch zumindest zweifelhaft war.

Mythen verbergen sich gerne hinter Erfolgsmustern aus der Vergangenheit. Eine gute Frage, Mythen zu identifizieren, ist: „Warum glauben Sie, dass Ihr Unternehmen auch in Zukunft erfolgreich sein wird oder auch diese Krise übersteht?“ In diesem Fall war die Antwort einhellig: „Wir werden mit einer Innovation den Markt überraschen und verlorene Marktanteile zurückgewinnen.“

Diese Überzeugung war enorm stark. Sie reichte zurück in die Gründungsgeschichte des Unternehmens. Der Erfolg begann mit einer genialen technischen Idee, die 20 Jahre oder mehr zurücklag. Sie hatte den Markt verändert. Später, in einer kleineren Krise, half wieder eine Erfindung – in ihrer Auswirkung zugegeben von deutlich kleinerer Dimension –, um auf den Wachstumspfad zurückzukehren. Also werden wir auch die aktuell schwierige Lage mit einer Innovation meistern, lautete die feste Überzeugung.

Jetzt fragen wir nach: „Gibt es Innovationen in Ihrer Nische, die nicht von Ihrem Unternehmen stammen?“ Die Antwort: „Ja, da gab es vor drei Jahren einen Neueinsteiger, der zu Unrecht eine große Aufmerksamkeit bei den Kunden erregt hat. Aber ein blindes Huhn findet auch mal ein Korn.“ Die Realitätsverweigerung funktioniert, und selbst objektive Fakten, wie Innovationen von Wettbewerbern, werden als unbedeutend oder als Zufallsergebnisse kleingeredet.

Wir bohren dann noch mit einigen Fragen nach, und der Mythos schält sich heraus. Die Führungskräfte machen sich keine Sorgen, weil die nächste Innovation das Unternehmen retten wird – allein der Entwicklungsleiter berichtet zwar ausführlich von innovativen Projekten seiner Abteilung, die bei näherem Hinschauen aber lediglich Detailverbesserungen darstellen oder noch Jahre von der Marktreife entfernt sind.

Nein, von außen betrachtet wird dieses Mal keine Innovation das Unternehmen retten, weil es keine gibt. Aber weil der Mythos stark ist, werden alternative Lösungsmöglichkeiten nicht oder nicht konsequent gesucht. Wir kommen später auf dieses Beispiel zurück.

**PROZESSMODERATION**

Die von Arnold Mindell entwickelte Prozessmoderation geht davon aus, dass immer zwei Prozesse parallel stattfinden. Im Vordergrund läuft der Prozess der Konsensrealität, in dem die Gruppe relevante und ansprechbare Themen sachlich und korrekt diskutiert. Es gibt jedoch noch einen zweiten Gruppenprozess: den Schattenprozess, in dem nicht angesprochene Schwierigkeiten danach drängen, ebenfalls wahrgenommen zu werden. Diesen Bereich nennen wir die untere Hälfte des Eisbergs. Dazu gehören all die Themen, die offiziell in einem Unternehmen keinen Platz haben wie Eifer sucht, Scham, Enttäuschung, Lüge oder die Angst, etwas nicht beweisen zu können.

Solange diese Themen nicht angesprochen werden können, tauchen sie als Störung auf. Sie werden dann als Konflikt oder Lähmung wahrgenommen. Die Aufgabe der Prozessmoderation besteht darin, auch diesen zweiten Bereich besprechbar zu machen. Man kann diese Themen jedoch nur ansprechen, wenn sie im Augenblick relevant sind und sie am Wahrnehmungshorizont auftauchen. Sie kündigen sich durch die sogenannten „Hotspots" an. Das sind Momente in den Gruppendiskussionen, in denen die Spannung steigt und das Gespräch gleichzeitig stockt oder sich auf der Stelle dreht.

Die Aufgabe des Moderators besteht dann darin, die Aufmerksamkeit auf dem Thema zu halten, bis ein Teilnehmer die entscheidenden Sätze spricht oder er sich selber zum Sprecher dieses Bereiches macht.

Für dieses Phänomen gibt es unendlich viele Beispiele aus dem wahren Leben: Spätestens seit Ende der 1990er-Jahre wird Musik im Internet mehr oder weniger illegal getauscht, kopiert und kostenfrei heruntergeladen. Die Musikindustrie hat es in 15 Jahren nicht verstanden, ein neues, darauf angepasstes Geschäftsmodell zu entwickeln. Seit Jahren schrumpfen die CD-Verkaufszahlen und damit die Umsätze scheinbar unaufhörlich.

Die Gegenmaßnahmen waren Klagewellen, um den Ursprungszustand vor dem Internet wiederherzustellen. Erst verklagte die Musikindustrie Tauschbörsen und dann immer flächendeckender besonders aktive Einzelpersonen. Massenhaft lancierte Zeitungsmeldungen von zu hohen Geldstrafen verurteilten Eltern, die für ihre Sprösslinge hafteten, schreckten nicht wirklich ab. Sie haben die jungen Leute eher noch angestachelt und das Ansehen der Plattenfirmen massiv beschädigt. Übrigens: Die erfolgreichsten legalen Bezahlplattformen für Musik stammen auch nicht von der Musikindustrie, sondern von Apple, Amazon, Google und Co.

**WELCHE HELDENGESCHICHTEN PRÄGEN DEN ALLTAG?**

Heldengeschichten eines Unternehmens prägen das Mitarbeiterverhalten. Es gibt viele Technologieunternehmen, bei denen ist der Held ein Entwickler, der gegen die Anweisungen aller Vorgesetzten eine bahnbrechende Innovation entwickelt hat.

Das Ergebnis: In diesem Unternehmen hat die Entwicklungsabteilung absolute Narrenfreiheit. Eine strukturierte Entwicklungsplanung mag auf dem Papier stehen, aber das Erfolgsgeheimnis ist ja, gegen eben diese Planung zu verstoßen. Es hat zwar seit 30 Jahren keine weitere Innovation in dieser Größenordnung mehr gegeben. Aber wenn die Entwicklung lang genug gegen die Wünsche und Planungen der Unternehmensleitung verstößt, ist es doch nur eine Frage der Zeit, bis wieder eine bahnbrechende Innovation herauskommt? Die Projizierung der Erfolgsfaktoren der Vergangenheit auf die Zukunft ist gefährlich, weil sie den Blick auf andere mögliche Lösungen versperrt.

In einem anderen Unternehmen ist der Held einer, der ein verkorkstes Projekt mit ungeheurem Einsatz, mit Nachtschichten und Wochenendarbeit, gerettet hat. Komischerweise laufen seitdem fast alle Projekte so ab.

Solange solche Heldengeschichten in einem Unternehmen als vorbildlich gelten, so lange werden sie wiederholt. Immer und immer wieder. Denn bei jedem gerade eben geretteten Projekt erhalten die Verantwortlichen ein Schulterklopfen und öffentliche Aufmerksamkeit von der Unternehmensleitung wie auch der Organisation. Wer in diesem Umfeld eine Beförderung anstrebt, muss dafür sorgen, dass sein Projekt fast scheitert, und er es in letzter Minute rettet. ■

Einer der weltweit meistgelesenen Autoren für Managementbücher, Jim Collins, hat die Phänomene rund um die Omertà in Unternehmen empirisch beschrieben. Er hat in umfangreichen Studien nachgewiesen, dass nur solche Unternehmen erfolgreich bleiben, die regelmäßig kritisch überprüfen, ob die eigene Einschätzung mit der Realität übereinstimmt. Dafür hat er in seinem letzten Buch das Schlagwort der „produktiven Paranoia“ geprägt, die ständige Angst, dass die alten Erfolgsmuster nicht mehr funktionieren.

Das Omertà-Dilemma im Zugvogel-Prinzip beschreibt die Wirkmechanismen, wie es zur Realitätsverweigerung kommt. Durch Einzelinterviews wurden die Omertà-Themen, die Mythen und die Heldengeschichten eines Unternehmens identifiziert. Damit haben wir eine für den Zugvogel-Prozess wichtige Aufgabenliste, die wir im weiteren Prozessverlauf abarbeiten werden.

## Literatur


Anderson, Daniel Jones; Altshuler, Alan A.: *The Future of the Automobile. The Report of M.I.T.'s International Automobile Program.* MIT Press 1984

Aronson, Elliot; Wilson, Timothy D.; Akert, Robin M.: *Sozialpsychologie.* Addison-Wesley 2008

Asch, Solomon E.: „Effects of group pressure upon the modification and distortion of judgment". In: Guetzkow, Harold (ed.): *Groups, Leadership and Men.* Carnegie Press 1951

Bradshaw, John: *Wenn Scham krank macht. Verstehen und überwinden von Schamgefühlen.* Knaur 1993

Cialdini, Robert: *Die Psychologie des Überzeugens. Ein Lehrbuch für alle, die ihren Mitmenschen und sich selbst auf die Schliche kommen wollen.* Huber 2009

Collins, Jim; Hansen, Morten T.: *Oben bleiben. Immer.* Campus 2012

Grochowiak, Klaus; Castella, Joachim: *Systemdynamische Organisationsberatung. Die Übertragung der Methode Hellingers auf Organisationen und Unternehmen. Ein Handlungsleitfaden für Unternehmensberater und Trainer.* Carl-Auer 2002

Königswieser, Roswita; Exner, Alexander: *Systemische Intervention. Architekturen und Designs für Berater und Veränderungsmanager.* Schäffer-Poeschel 2008

Krumm, Rainer; Bär, Martina; Wiehle, Hartmut: *Unternehmen verstehen, gestalten, verändern. Das Graves-Value-System in der Praxis.* Gabler 2010

Mindell, Amy: *Das Pferd rückwärts reiten. Prozessarbeit in Theorie und Praxis.* Via Nova 1997

Mindell, Arnold: *Mitten im Feuer. Gruppenkonflikte kreativ nutzen.* Hugendubel 1999

http://de.autoviva.com/news/toyota_prius_ist_jetzt_weltweit_die_nummer_drei/4143, abgerufen am 11. August 2013

http://www.konrad-adenauer.de/adenauer_zitate.html, abgerufen am 11. August 2013

http://www.netzwelt.de/news/76695_2-testkampf-apple-iphone-vs-nokia-n95-8gb.html, abgerufen am 11. August 2013

http://www.results.nokia.com/results/Nokia_results2012Q1e.pdf, abgerufen am 11. August 2013

http://www.testberichte.de/test/produkt_tests_nokia_6151_p86630.html, abgerufen am 11. August 2013

http://www.time.com/time/specials/2007/article/0,28804,1677329_1678542,00.html, abgerufen am 11. August 2013

http://www.welt.de/wirtschaft/article6529065/Toyota-Chef-Toyoda-raeumt-Qualitaetsmaengel-ein.html, abgerufen am 11. August 2013

# 4 Die Dynamische Lücke errechnen

*Auf nach Afrika –*
*oder wie Unternehmen selbst gesteckte Ziele*
*auch wirklich erreichen*

## 4.1 Der nächste Winter kommt bestimmt

Warum steuern Zugvögel oft weit entfernte Ziele an, obwohl auf dem Weg dorthin auch viel näher liegende Orte gute Bedingungen versprechen? Die Frage ist gar nicht so trivial. Die Zugvögel folgen ihrem Instinkt, aber der hat sich im Laufe der Evolution herausgebildet. Die Natur korrigiert Fehler konsequent. Es muss also Gründe geben, warum es unbedingt Afrika sein muss und Süditalien nicht ausreicht.

Mehrere Faktoren spielen eine Rolle. Zum einen das Nahrungsangebot im Zielgebiet, also der mögliche Gewinn. Zum anderen die Garantie, dort sicher vor dem Winter zu sein, also eine Risikominimierung. Außerdem muss das Ziel mit möglichst geringen Verlusten erreichbar sein. Im Laufe der Jahrmillionen haben nur die Zugvogel-Arten überlebt, die diese optimale Kombination gefunden haben.

Machen wir es konkret: Nehmen wir an, zwei Schwärme starten nach den ersten Frostnächten im Norden Richtung Süden. Der eine Schwarm steuert von Anfang an Afrika an. Der andere fliegt so lang Richtung Süden, bis er einen scheinbar sicheren Ort erreicht hat. Beide machen eine Zwischenlandung im Alpenvorland. Für die Jahreszeit ist es ungewöhnlich warm, tagsüber scheint die Sonne, die Nächte sind mild. Der eine Schwarm, der nach Afrika will, lässt sich nicht irritieren und fliegt weiter über die frühherbstlichen Alpen. Der andere Schwarm, der nur eine wärmere Gegend sucht, bleibt.

Das Herbsthoch dauert lang, und unser Schwarm findet vorerst genug Nahrung. Aber der Winter kommt sicher, und als der erste Schnee fällt, dämmert es unserem Schwarm, dass er doch noch weiter Richtung Süden fliegen muss. Jetzt herrscht in den Alpen schon tiefer Winter. Das bedeutet über viele Tage keine Nahrung, Ankämpfen gegen schwere Schneestürme und weniger Stunden mit Tageslicht. Mit jedem Tag Verzögerung nördlich der Alpen steigt die Zahl der Schwarmmitglieder, die das Ziel nicht erreichen.

Wer zu früh aufhört, muss später tiefer schneiden.

Die Natur bestraft solche Fehler unbarmherzig, und es gilt Charles Darwins Satz vom „survival of the fittest“. Hier drängt sich geradezu ein Vergleich mit der freien Marktwirtschaft und erfolgreicher Unternehmensführung auf. Zu Recht, wie wir meinen. Immer wieder spüren Unternehmen, dass ihre Wettbewerbsfähigkeit sinkt, dass die Konjunktur schwächelt oder dass ein Technologiewandel das Geschäftsmodell infrage stellt.

Einige reagieren gar nicht und verschwinden sehr schnell vom Markt. Ein paar Unternehmen reagieren frühzeitig und konsequent. Sie setzen sich anspruchsvolle Ziele für Kostensenkungen und Wachstum. Vor allem lehnen sie sich nicht entspannt zurück, sobald sich die ersten Erfolge zeigen, sondern folgen beharrlich ihren eigenen Vorgaben. Diese Firmen setzen sich das Ziel Afrika und erreichen es im Rückblick mit dem geringsten Aufwand. Jim Collins, der berühmte amerikanische Managementautor, nennt diesen Erfolgsfaktor „fanatische Disziplin“. Wir werden im Verlauf des Zugvogel-Prinzips noch auf die Bedeutung der Disziplin zurückkommen.

Viele, vielleicht die meisten Unternehmen erkennen zwar den Handlungsbedarf und setzen sich vernünftige Ziele, aber sobald die Situation wieder kommod erscheint, lassen die Bemühungen sofort nach. Sie sind einfach so lange nach Süden geflogen, bis es warm genug erschien. Wenn sie dann aber der – meist absehbare – Winter einholt, müssen sie neue Programme aufsetzen. Sie haben wertvolle Zeit verloren. Jetzt müssen die Kosten schnell gesenkt werden, jetzt müssen die Schnitte viel tiefer angesetzt werden. Viele schaffen es nicht. Und selbst die, die dann Afrika erreichen, sind geschwächter als die, die direkt dorthin geflogen sind. Schlimmer noch: Die besten Plätze sind bereits vergeben, und die Nachzügler müssen sich mit den übrig gebliebenen Nischen zufriedengeben.

Daraus ergibt sich eine spannende Frage: Können Unternehmen nachvollziehbar und transparent sichere Ziele definieren? Die Antwort lautet: Ja. Bevor wir aber dafür ein praktikables Modell vorstellen, müssen wir zunächst eine noch grundlegendere Frage klären: Wie können Unternehmen selbst gesteckte Ziele vollständig erreichen? Oder anders herum: Warum erreichen viele Unternehmen und Organisationen ihre selbst gesteckten Ziele nicht und bleiben auf halber Strecke stehen? Schauen wir uns dazu im Alltag, in unserem privaten Umfeld um.

„Liebling, wir müssen sparen.“ Diesen Satz kennen Sie vielleicht. Bei unserem Beispielpärchen ist Monatsanfang, und schon jetzt gehen alle Ausgaben vom Dispokredit ab. Nehmen wir an, unser Pärchen reißt sich zusammen und beschließt, zu sparen. Schweren Herzens kauft sie weniger Schuhe, er verzichtet auf die Heimspiele seiner Fußballmannschaft. Jede Einschränkung empfinden unsere beiden als genau das: eine Einschränkung. Nach wenigen Monaten ist der Dispo ausgeglichen, und dann entspannen sich die beiden. Es dauert nicht lang, und die alten Gewohnheiten haben wieder überhandgenommen. Und dann fällt der Satz erneut: „Liebling, wir müssen sparen.“ Aber dann ist unser Pärchen noch tiefer im Dispo, und die Spirale dreht sich immer weiter.

Gegenbeispiel: Ein anderes Pärchen beschließt, in zehn Jahren eine Weltreise zu unternehmen oder eine alte Windmühle zu kaufen und zu restaurieren. Das kostet eine Menge Geld, und sie berechnen großzügig das notwendige Budget. Das ist das Ziel, und bei jedem zurückgelegten Euro freuen sie sich, dass sie ihrem Ziel wieder einen winzigen Schritt näher gekommen sind. Gehaltserhöhungen stecken sie konsequent in ihr Projekt. Erst wenn sie das Ziel erreicht haben, ob in neun, elf oder 15 Jahren, dann entspannen sie sich – vielleicht.

Jeder kämpft für möglichst niedrige Ziele.

In Unternehmen heißt es nicht: „Liebling, wir müssen sparen“, sondern dort geht es wesentlich geordneter zu. Oder etwa nicht? Wie läuft denn in den Unternehmen der Budget- und Planungsprozess für das Geschäftsjahr? Wir haben da alles erlebt, von knappen Planungen, die kaum mehr als Schätzungen sind, bis hin zum anderen Ende: umfangreiche Detailplanungen auf Kostenstellenbasis mit vollem Einsatz ausgefeilter ERP-Systeme. So komplex, dass niemand mehr die Zusammenhänge durchschaut, und deshalb auch wenig Identifikation mit der Planung beim Führungsteam erreicht wird.

Gleichzeitig versuchen alle Beteiligten, möglichst niedrige Zielsetzungen zu erreichen. Pünktlich zur Budgetplanung wird der Markt schwierig, Wolken ziehen auf. Die Lieferanten versuchen in einer konzertierten Aktion, ihre Preise zu erhöhen. Alles vor dem Hintergrund, die Trauben ein wenig niedriger zu hängen, die jeweiligen Ziele sicher erreichbar zu formulieren.

Zusätzlich werden viele Planungen mit noch nicht allen dazugehörigen und notwendigen Maßnahmen verabschiedet. Da kommt dann die berühmte Managementanspannung vor, die aber nichts anderes heißt, als dass die Führung zu spät angefangen hat, die zu den Zielen passenden Maßnahmen zu erarbeiten. Weil die Maßnahmen erst im Verlauf des Geschäftsjahres entwickelt werden müssen und gleichzeitig die Führungskräfte die Ziele nicht tragen, ist die Erfolgsquote eher gering.

> Was einmal funktioniert, passiert wieder.

Manche Unternehmen reagieren auf das Nicht-Erreichen der Budgetziele einfach damit, dass sie die Ziele rückwirkend anpassen und sich die Welt auf diese Art schönrechnen. Bei der nächsten Budgetplanung haben sich alle Führungskräfte darauf eingestellt. Sie wissen ja, dass im Jahresverlauf diese Ziele herabgesetzt werden. Oder allgemeiner und für die menschliche Psyche eindeutig: Was einmal funktioniert, passiert wieder.

Kennen Sie das? Ein kleines Kind fragt die Mutter nach Schokolade, und sie sagt Nein. Es läuft in den Nebenraum zum Vater, der sagt Ja. Es hat einmal funktioniert, und das Kind wird es immer wieder versuchen. Selbst wenn sich die Eltern danach besser absprechen, das Kind hofft weiter darauf, dass es wieder passieren wird.

Ein Freund ist mit zu hoher Geschwindigkeit geblitzt worden und soll seinen Führerschein abgeben? Mithilfe eines Anwalts kommt er mit einer Geldstrafe davon – und wird weiter zu schnell fahren. Ein Vertriebsleiter hat seine Ziele glasklar verfehlt, aber die Unternehmensleitung akzeptiert seine Erklärungen, ohne Konsequenzen zu ziehen? Es wird wieder passieren. Wir kommen noch im Kapitel Disziplin darauf zurück.

Kehren wir zu unserem Zugvogel-Schwarm zurück, der nur nach Süden wollte und im Alpenvorland stoppte. Jetzt kommt der Winter doch, und unser Schwarm muss schnell weiter. Eine Situation, die viele von uns aus dem Unternehmensalltag kennen.

Vier Wochen vor Veröffentlichung der Quartalszahlen erfährt der Vorstandsvorsitzende, dass das Unternehmen die Erwartungen der Analysten massiv verfehlen wird. Oder der Geschäftsführer eines mittelständischen Unternehmens sieht ab Herbst, dass er die versprochenen Jahreszahlen nicht erreichen kann.

Beide wählen prinzipiell den gleichen Ausweg. Der eine holt sich die Feuerwehrtruppe eines renommierten Beraters ins Unternehmen, die eine Kostenlücke von x Millionen oder Milliarden Euro identifizieren wird. Der andere setzt sich mit seinem Finanzkollegen und einem Taschenrechner zusammen. Gemeinsam schätzen sie eine einzusparende Summe. Das Ergebnis ist in beiden Fälle gleich: eine Einsparsumme, die die Organisation nicht plausibel nachvollziehen kann.

Gleichzeitig werden ehrgeizige Wachstumspläne geschmiedet. Die Entwicklung wird das Produktportfolio entscheidend ergänzen, eine Vertriebsoffensive neue Märkte und Marktsegmente erschließen. Auch die Marge soll durch eine ordentliche Preiserhöhung steigen. Auch diese Vorgaben entstehen oft im engsten Kreis, ohne die betroffenen Führungskräfte einzubinden. Je nach Unternehmenskultur reagieren die Führungskräfte mit Protesten, Abtauchen oder aktivem Torpedieren der Ziele.

Das Spar- und Wachstumsprogramm bekommt einen wohlklingenden Namen und wird von der Unternehmensleitung verkündet, wie Moses die Tafeln mit den Zehn Geboten vom Berg heruntergetragen hat. Wahlweise wird unser Vorstandsvorsitzender oder unser Geschäftsführer entweder bei einer Telefonkonferenz mit Analysten oder dem jährlichen Führungskräfte-Meeting das Programm darstellen. Es gibt DAX-Konzerne, die alle zwei, drei oder vier Jahre zweistellige Milliardenbeträge einsparen wollen, Mittelständler, die jährlich um 20 Prozent wachsen wollen.

Das Kalkül dahinter: Je höher die eingesparte Summe, je höher das versprochene Wachstum, desto eher halten die Eigentümer still. Damit wir uns nicht missverstehen: Wachstums- und Kostensenkungsprogramme sind oft notwendig, damit Unternehmen erfolgreich bleiben oder wieder werden. Uns geht es um die Art und Weise, wie sie entstehen und welches Ziel sie verfolgen.

Das ist wichtig, weil die meisten Programme nicht nur nach einem gemeinsamen Muster entstehen, sondern auch nach einem gemeinsamen Muster ihre Ziele nicht erreichen. Wir wissen nicht, wie viele erfolgreich zu Ende geführte Kostensenkungsprogramme Sie kennen, aber unserer Erfahrung nach erreicht kaum eines auch nur 80 Prozent der Zielsumme. Die meisten Kostensenkungsprogramme werden vielmehr durch neue Programme ersetzt, bevor sie ihr Ziel erreicht haben.

## 4.2 Scheitern durch Schubvernichter

Interessant ist jetzt die Frage nach den Ursachen und Mechanismen, die dahinterliegen. Erinnern wir uns an unsere beiden Pärchen: Das eine wollte sich einfach nur aus einer Liquiditätsklemme befreien und stellte die Sparbemühungen sofort ein, als der Dispo wieder ausgeglichen war. Das andere Pärchen hatte sich ein Ziel gesetzt, die dafür notwendige Summe gemeinsam definiert und entspannte sich erst – wenn überhaupt –, als das Ziel zu 100 Prozent erreicht war. Der eine Zugvogel-Schwarm gab sich mit einer wärmeren Gegend zufrieden, der andere setzte sich das anspruchsvollere, aber sichere Ziel Afrika.

Die meisten Programme scheitern durch Schubvernichter. So nennen wir Mechanismen, die zuverlässig Tempo und Energie aus Veränderungsprozessen herausnehmen. Der rechte Fuß tritt das Gaspedal, und gleichzeitig schleicht sich sozusagen der linke Fuß auf die Bremse. Bei Veränderungsprozessen treten nahezu immer vorhersagbare Schubvernichter auf. Es handelt sich hier nicht um bewusst eingesetzte Sabotageaktionen, sondern um Verhaltensmuster, die sich fast unbemerkt einschleichen.

Je nach Situation greifen unterschiedliche Mechanismen. Beispiel Zielvereinbarungen wie sie bei den Jahresbudgets üblich sind: Das gesichtswahrende Nicht-Erreichen von Zielen erfolgt in fünf Schritten. Vereinbaren, Verkomplizieren, Verwässern, Versanden, Vergeben. Diese Methodik funktioniert zuverlässig im Privatleben genauso wie in der unternehmerischen Praxis.

Bei unserem Pärchen vereinbart sie mit ihm, nur noch alle zwei Monate zum Friseur zu gehen, er mit ihr, nur alle acht Wochen zu einem Heimspiel zu gehen. Nach ein, zwei Wochen oder Monaten verkomplizieren unsere beiden die Vereinbarungen: Der Rhythmus ist zu starr. Was ist, wenn bereits sechs Wochen nach dem letzten Friseurtermin eine große Feier steigt? Fällt Nachschneiden auch unter die Regelung? Also grundsätzlich steht die Vereinbarung, aber unter bestimmten Rahmenbedingungen verschiebt sich der Rhythmus oder setzt sogar aus. Er führt ins Feld, dass er ja nicht nur langweilige Spiele ansehen will, sondern dass es Ausnahmen geben muss, wenn es gegen den Meister oder gegen punktähnliche Vereine geht. Also möchte er die Tabellensituation als Variable einführen.

Wie das Leben so spielt, die Feiern häufen sich, die Bundesligatabelle ist außergewöhnlich spannend. Also beschließt unser Pärchen, die

Intervalle zu verkürzen. Also anstatt eines Achtwochenabstands verkürzen sie den Rhythmus auf sechs Wochen. Dann verwässern sie die Vereinbarung und beschließen, grundsätzlich den Zeitabstand auf vier Wochen zu reduzieren. Damit leiten sie schon Stufe vier ein: das Versanden. Stillschweigend häufen sich die Ausnahmen, und der Ursprungsrhythmus pendelt sich wieder ein. Jetzt fehlt nur noch das Vergeben. „Wir haben es ja wirklich versucht. Wir haben sogar einige Wochen durchgehalten, und wenn wir wirklich müssten, dann könnten wir das jederzeit wieder durchziehen." So oder so ähnlich läuft es oft im Privatleben.

Dieses Vereinbaren, Verkomplizieren, Verwässern, Versanden und Vergeben finden Sie genauso in Unternehmen, ob bei Einsparungen, Vertriebszielen oder Qualitätsverbesserungen. Die Grundvoraussetzung ist, dass im Unternehmen das Nicht-Erreichen keine gravierenden Konsequenzen hat. Was einmal funktioniert, passiert wieder. Damit ist es für die Beteiligten sehr einfach, Vereinbarungen zu schließen, weil sie wissen, dass sie sie ohnehin nicht unbedingt einhalten müssen. Werden also Ziele vereinbart, dann widersprechen die Führungskräfte nicht, was aber nicht heißt, dass sie alles daransetzen werden, sie zu erreichen. Selbst Zustimmung bedeutet nicht, dass eine Selbstverpflichtung, ein Commitment, übernommen wird. Es bedeutet häufig lediglich: „Schau'n mer mal."

---

Schubvernichter: Nicht widersprechen heißt nicht Zustimmung.

---

Nehmen wir an, ein Marketingleiter widerspricht nicht dem Ziel, fünf von 20 Mitarbeitern abzubauen. Am Ende der Budgetverhandlung wird das weitere Vorgehen festgelegt und werden Detailpläne zu Umsetzung binnen Monatsfrist gefordert.

Unser Marketingleiter setzt sich in sein Büro und macht sich an die Arbeit. Nein, er erstellt nicht erste Listen von Stellen, die wegfallen können, sondern listet erst einmal alle Schwierigkeiten auf. Er verkompliziert die Aufgabe, indem er auf Detailebene mögliche Konsequenzen prüft.

In 14 Monaten findet die weltweit bedeutendste Messe der Branche statt, die nur alle vier oder fünf Jahre ausgerichtet wird. Wenn er jetzt die Messeabteilung schwächt, dann muss der Auftritt eine Nummer kleiner ausfallen. Wer kümmert sich um die Exponate? Was ist mit dem für die Geschäftsleitung extrem wichtigen Kundenevent am ersten Abend? Sollen wir absagen, eine Sparversion realisieren, damit jeder merkt, dass es uns schlecht geht?

Was ist dann mit dem Internet. Alle sind sich einig, da müssen wir mehr Inhalte, mehr Funktionen, mehr Kundennutzen erzeugen. Wenn ich Frau X oder Herrn Y abbaue, dann kann das Marketing nicht mehr gewährleisten, dass Kundenanfragen per E-Mail sofort an die richtigen Ansprechpartner weitergeleitet und innerhalb weniger Stunden oder Tage beantwortet werden. Wollen wir das?

Kurz, für die nächste Sitzung formuliert er „Wenn-dann-Sätze“, um die Aufgabe zu verkomplizieren. Wenn wir an dieser Stelle Personal einsparen, dann können wir nicht auf Kundenanfragen reagieren. Das will keiner, und schon steht ein Subziel im Mittelpunkt der Diskussion. Wollen wir einen Spar-Kundenabend? Auf keinen Fall! Damit hat sich auf der letzten Messe ein Wettbewerber zum Gespött der Branche gemacht.

Das Gesamtziel verschwimmt langsam, denn die Subziele, die Einzelfälle, verwässern es. Der Rückschluss auf das Gesamtziel, Abbau von fünf Mitarbeitern, gerät aus dem Fokus. Vor allem schindet Verkomplizieren Zeit. Jeder hat eine Meinung zum Kundenabend, jeder hat Ideen, woran gespart werden kann und was auf jeden Fall sein muss. Ein besonders geschickter Marketingleiter wird jetzt noch Kostenvoranschläge von externen Dienstleistern für die Organisation des Events präsentieren, die exorbitant hoch sind. Das käme auf das Unternehmen zu, wenn er jetzt die Messeabteilung verkleinert. Damit hat ein überaus wirkungsvoller Schubvernichtungsmechanismus gezündet.

Unser Marketingleiter weiß jetzt, dass das Ziel „fünf Mitarbeiter" – unter Berücksichtigung der besonderen Aufgaben rund um die Messe – in dieser Absolutheit nicht mehr gilt. Jetzt kommt es darauf an, es geschickt versanden zu lassen: Bei den nächsten Sitzungen präsentiert er schicke Entwürfe des Messestands, fährt ein beeindruckendes Programm für den Kundenabend auf, überrascht mit Kundenrückmeldungen, die die schnelle Reaktion auf Anfragen loben. Jedes Mal wenn die Sprache auf das Ziel „Abbau von fünf Stellen" kommt, lenkt er die Aufmerksamkeit gezielt auf die Detailebene.

Am Ende steht das Vergeben in der nächsten Budgetrunde. Die Messe ist nun einmal nur alle fünf Jahre. Hier müssen wir Stärke zeigen, sie entscheidet über unser Umsatzwachstum der nächsten Jahre. Aber im nächsten Geschäftsjahr, nach der Messe, da muss das Marketing fünf Mitarbeiter abbauen. Unser Marketingleiter widerspricht nicht – was funktioniert, passiert wieder ...

Das Fünf-V-Modell (Bild 4.1) der Schubvernichtung funktioniert zuverlässig und umso besser, je komplexer die Zielvereinbarungen sind. Nur ein Zangenangriff kann das Fünf-V-Modell aushebeln: eine transparente und von allen getragene Zielfindung – und aufseiten der Unternehmensleitung anschließend ein absolut stures Festhalten an den Zielen.

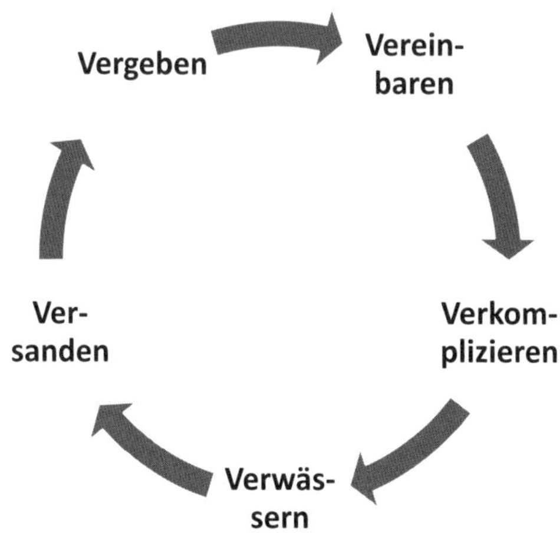


**Bild 4.1** Das Fünf-V-Modell der Schubvernichtung

## 4.3 Afrika – oder einen Platz fürs Überwintern finden

Zugvögel fliegen nach Afrika, weil sie dort die besten Bedingungen für ein Überwintern vorfinden. Trotz des beschwerlichen Hin- und Rückwegs sichern sie damit die Arterhaltung. Afrika ist keine bewusste Entscheidung, sondern einfach ein Ergebnis der Evolution. Im Gegensatz zu unseren Zugvögeln haben Unternehmen keine Jahrmillionen Zeit, um sich auf das richtige Ziel einzuschießen. Erinnern wir uns: Es geht um Risikominimierung, dass uns der Winter nicht erwischt. Ziel ist es, frühzeitig interessante Nischen zu besetzen und damit neue Wachstumschancen zu erschließen. Und wir wollen auf dem Weg dorthin so viele Schwarmmitglieder wie möglich gesund überführen.

Was die Evolution für die Natur, ist der Wettbewerb für Unternehmen. Die Regeln sind ähnlich. Nur profitable Unternehmen können in neue Produkte und Märkte investieren. Die Profitabilität entscheidet darüber, wie hoch die Refinanzierungskosten sind, über die Kreditwürdigkeit. Nur profitable Unternehmen können Reserven für schlechte Zeiten bilden und Rezessionen oder größere Krisen überstehen. Kurz, die Profitabilität ist das entscheidende Selektionskriterium im Wettbewerb. Es gibt kurzfristige Ausnahmen: In der Internetblase stiegen teilweise die Kurse umso höher, je mehr Geld Internetunternehmen verbrannten. Aber dieses widersinnige Spiel dauerte nur wenige Jahre.

Wie können wir also den Platz fürs Überwintern, das Afrika für das Unternehmen definieren? Zunächst einmal muss es profitabel arbeiten, um überhaupt in die Zukunft investieren zu können. Aber wie viel Gewinn ist notwendig und wie definieren wir ihn? Der Gewinn, definiert als Überschuss vor Zinsen und Steuern, das berühmte „Earnings Before Interest and Taxes“, EBIT, ist eine sinnvolle Definition. Aber das Zugvogel-Prinzip funktioniert prinzipiell auch mit anderen Ergebnisdefinitionen wie dem Free Cash Flow oder anderen Kennziffern. Dazu müssen lediglich die Einflussgrößen angepasst werden.

Damit haben wir eine Messgröße, mit der Unternehmen vergleichbar werden. Sinnvolle Ergebnisziele ergeben sich nur aus dem Vergleich mit ähnlichen Unternehmen in derselben Branche. Aktienanalysten vergleichen Banken weltweit miteinander, um die aussichtsreichsten Kandidaten herauszufiltern oder Chemieunternehmen oder Automobilhersteller. Sie messen eine BASF nicht daran, ob ihre Marge höher ist als die der Deutschen Bank, sondern vergleichen sie mit anderen Chemieunternehmen.

Das Zugvogel-Prinzip geht genauso vor: Die Kennzahlen eines Unternehmens werden mit denen der Wettbewerber verglichen. Auch wenn es vielleicht diesen Prozessschritt entzaubert. Aber als Faustregel gilt: Das Ergebnis – wie auch andere Kennzahlen – sollten im oberen Drittel des Branchenvergleichs liegen. Das Ziel ist realistisch, denn andere Unternehmen im gleichen Umfeld erreichen es auch.

Eigene Kennzahlen mit den Wettbewerbern vergleichen: Zielkorridor oberes Drittel.

Dieses Benchmarking ist transparent abgeleitet und einfach vermittelbar: Unser Wettbewerb verdient mit den gleichen oder ähnlichen Produkten und Dienstleistungen zehn, 20 oder gar 30 Prozent mehr als wir. Damit sind wir angreifbar, denn der Wettbewerber kann jederzeit die Preise senken und bleibt dennoch profitabel. Durch das höhere Ergebnis kann er mehr in die Zukunft investieren, in Forschung und Entwicklung oder in eine modernere Fertigung, die den Abstand dann noch weiter vergrößert.

Diese Methode ist bei Unternehmen sinnvoll, bei denen die Dynamik nachgelassen hat. Ist das Unternehmen bereits in einer Krise und erwirtschaftet Verluste, dann müssen wir ein anderes Ziel setzen: Rückkehr in die Profitabilität in möglichst kurzer Zeit. Das ist aber nur ein Zwischenziel. Mittelfristig muss auch nach einer Krise der Anspruch sein, das obere Drittel des Branchenvergleichs zu erreichen.

## 4.4 Was bedeutet Dynamische Lücke?

Damit haben wir einen Zielkorridor, unser Afrika. Das ist nett, reicht aber nicht. Wir brauchen einen Abflugort, Entfernungsangaben und Wegmarken. Die erhalten wir erst mit der Methodik der Dynamischen Lücke. Was verbirgt sich dahinter?

Denken wir dazu an einen Bekannten, Mitte 40, der sich in zehn Jahren vorzeitig aus dem Berufsleben verabschieden und dennoch seinen Lebensstandard halten will. Er hat ein gutes Einkommen und legt tüchtig Geld zur Seite. Er geht davon aus, dass er derzeit 5.000 Euro pro Monat ausgibt. Das ist auch seine Zielsumme für den vorgezogenen Ruhestand. Jetzt überschlägt er Rentenansprüche, Lebensversicherungen, sein angelegtes Geld und Mieteinnahmen, und kommt auf voraussichtlich 4.000 Euro pro Monat. Ihm werden in zehn Jahren also 1.000 Euro pro Monat fehlen, bei seinem aktuellen Einkommen eine Lücke, die er schließen kann.

Dieses Vorgehen ist systematisch, aber zu statisch, denn zahlreiche Faktoren verändern sich dynamisch und können nach zehn Jahren die Zahlen völlig verändern. Unser Bekannter muss zunächst die Inflation berücksichtigen. Selbst wenn sie zehn Jahre lang auf dem derzeit niedrigen Niveau verharrt, ist die Kaufkraft am Ende der zehn Jahre erheblich gesunken. Um die Kaufkraft von aktuell 5.000 Euro in zehn Jahren zu Verfügung zu haben, muss die Zielsumme auf mindestens 6.000 erhöht werden. Auf der anderen Seite stehen ein paar Mieterwechsel an, und er kann die Mieteinnahmen außerplanmäßig steigern.

Wie sieht es mit den Lebensversicherungen aus? Wenn er eine niedrige Inflation abschätzt, dann werden auch die Zinsen in der Zeit niedrig sein. Die Lebensversicherungen werden darum nur eine niedrigere Rendite abwerfen als in den ursprünglichen Modellrechnungen erhofft. Welchen Zinseszinseffekt hat also eine um einen Prozentpunkt geringere Verzinsung?

Wenn unser Bekannter die wichtigen Faktoren nicht mehr statisch, sondern dynamisch betrachtet, ändert sich das Ergebnis seiner Berechnungen erheblich: Die statische Lücke von 1.000 Euro kann dynamisch – und damit realistisch – betrachtet, sehr schnell auf 2.000 Euro und mehr anwachsen.

Das heißt nicht, dass unser Bekannter seinen Plan aufgeben muss. Im Gegenteil, er weiß jetzt erst, wie weit es wirklich bis zu seinem Ziel ist. Damit kann er eine realistische Planung aufsetzen und wird sein Ziel mit einer viel höheren Wahrscheinlichkeit erreichen.

Transparente Methodik statt Blackbox.

Diese Methodik der Dynamischen Lücke nutzt das Zugvogel-Prinzip mehrfach. Wir setzen damit Wegmarken und Hinweisschilder für das anzustrebende Ziel. Wir nutzen sie, um die Handlungsbarriere zu durchbrechen und ein Alignment innerhalb des Unternehmens zu erreichen.

Die Dynamische Lücke ist keine neue Methodik. Sie wird seit vielen Jahren weltweit von Beratungsunternehmen eingesetzt. Allerdings setzen die Berater diese Methode oft als Blackbox ein. Sie analysieren ein Unternehmen und konstatieren in der Abschlusspräsentation eine Summe X, die einzusparen, und eine Umsatzsteigerung von Y, die zu erreichen ist. Wenn überhaupt, dann wird die Methodik nur dem auftraggebenden Unternehmensleiter oder dem engsten Führungskreis vorgestellt.

Dabei ist die Methodik der Dynamischen Lücke transparent und nachvollziehbar. Startpunkt ist das aktuelle EBIT. Soll-Zustand in der Zukunft ist ein EBIT, das sich an einem Wert im oberen Drittel der Vergleichsgruppe orientiert. Direkt nebeneinandergestellt sieht die statische Lücke beruhigend klein aus. Wir können uns aber nicht wie bei *Raumschiff Enterprise* ohne Zeitverzug an einen anderen Ort beamen, sondern müssen die Reise dorthin selbst zurücklegen. Das dauert, und während der Reise werden wir an einigen

Stellen Rückenwind haben, aber an anderen Stellen auch steifen Gegenwind.

Nehmen wir beispielsweise den zu erwartenden Volumenzuwachs. Durch einen steigenden Umsatz erzielen wir durch Stückzahlenvorteile überdurchschnittliche Beiträge zum EBIT. Aus den Vertriebsprognosen lässt sich dieser Beitrag berechnen. Je stärker das Wachstum, desto kleiner wird unsere Lücke. Das ist die gute Nachricht.

Auf der anderen Seite gibt es kaum eine Branche, in der nicht die erzielbaren Preise mit der Zeit sinken. Auch wenn die absoluten Preise scheinbar steigen: Betrachtet man die Inflation, die höhere Leistungsfähigkeit und die bessere Ausstattung, wird über die Zeit nahezu immer ein realer Preisverfall sichtbar. Er ist abhängig von der Wettbewerbssituation, dem technologischen Fortschritt und der Konjunktur. In den Unternehmen ist das Wissen darüber immer vorhanden, nur wird es selten angezapft. Auf jeden Fall ist der zu erwartende Preisverfall eindeutig ein Gegenwind, der uns auf dem Weg zum Ziel bremst.

Material- oder Komponentenpreise können sich in beide Richtungen entwickeln. Abgesehen vom Platzen spekulativer Blasen oder überhitzter Märkte, sprechen alle Hinweise dafür, dass sie eher steigen werden. Das trifft ein Unternehmen meist zweifach: einmal beim Einkauf der Rohmaterialien direkt und zum Zweiten über steigende Preise der Zulieferer. Je nach Anteil am Wertschöpfungsprozess können Materialpreise einen sehr hohen Einfluss haben.

Ein weiterer wichtiger Faktor ist die Entwicklung der Personalkosten. In der Regel steigen sie mit jeder Tarifrunde. Was bedeutet das aber konkret für die Ergebnissituation im Zielzeitraum? Ein weiterer Gegenwind.

Jetzt haben wir die absehbaren Einflüsse auf unser Zielergebnis berechnet und haben eine Ergebnislücke mit der Summe X. Das ist das Ziel, auf das wir schießen. Aber das Ziel bewegt sich, also müssen wir einen Vorhalt einkalkulieren. Das ist wie beim modernen Fußball: Der Pass geht nicht dahin, wo der Stürmer aktuell steht, sondern dorthin, wo er hinlaufen wird. Diese Strecke zwischen der aktuellen Position beim Treten des Balles und der Ballannahme im Lauf ist der Vorhalt. Wir schätzen ihn beim Zugvogel-Prinzip auf 20 bis 30 Prozent. Diesen Wert addieren wir zur Ergebnislücke und erhalten daraus unsere Dynamische Lücke (Bild 4.2).

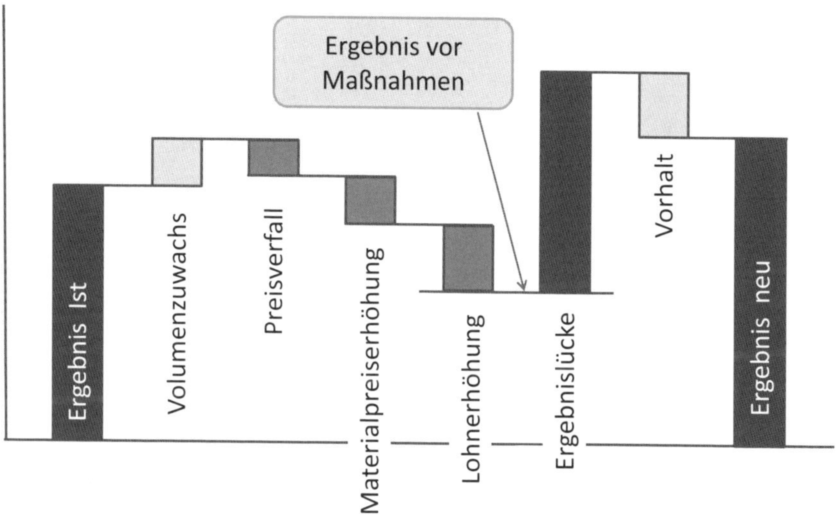


**Bild 4.2** Die logische Ableitung der Dynamischen Lücke definiert das Gesamtziel des Zugvogel-Prozesses

Damit ist ein zentraler Wert gesetzt, und es geht jetzt darum, in welchem Zeitraum wir welches Ziel erreichen wollen. Es gibt zwar Unternehmen, die immer noch jedes Jahr eine Zehnjahresplanung aufstellen, aber ein so langer Zeitraum zur Berechnung der Dynamischen Lücke ist nicht sinnvoll. Der technische Wandel, die regionale Verschiebung von Märkten, sich ändernde gesetzliche Rahmenbedingungen und viele andere Entwicklungen sorgen dafür, dass niemand wirklich belastbare Aussagen über das Umfeld in zehn Jahren treffen kann.

Am anderen Ende der Skala stehen Quartalsdenker. Auf so einen kurzen Zeitraum können aber auch nur kurzfristige Maßnahmen wirken. Wenn wir an Produktentwicklungen oder Einkaufsverträge denken, an die Gründung neuer Vertriebsniederlassungen oder Produktionsumstellungen, dann können diese meistens erst im zweiten oder dritten Jahr wirken. In den meisten Branchen ist daher ein Dreijahreszeitraum sinnvoll.

## 4.5 Ein Rechenbeispiel

Rechnen wir einmal ein Fallbeispiel eines produzierenden Unternehmens durch. Wir reden über eine Firma, die mit acht Prozent Umsatzrendite in ihrer speziellen Branche ein ordentliches Ergebnis erwirtschaftet. Auf der anderen Seite liegt sie damit noch nicht im oberen Drittel der vergleichbaren Wettbewerber, das beginnt bei zehn Prozent EBIT-Marge.

Um das Beispiel einfach zu halten, führen wir die Berechnung für den Zeitraum von einem Jahr durch. Bei einem Umsatz von 200 Millionen und einem Umsatzwachstum von zehn Prozent über drei Jahre reden wir also über eine EBIT-Steigerung von 16 auf 22 Millionen Euro. Die statische Lücke beträgt also sechs Millionen – zurücklehnen, das ist doch zu schaffen, insbesondere mit dem angepeilten Wachstum!

Jetzt wenden wir die Methodik der Dynamischen Lücke an. Der Vertrieb schätzt den Markt und das eigene Angebot günstig ein und prognostiziert ein Umsatzwachstum von zehn Prozent. Die kaufmännische Leitung errechnet aus diesem Wachstum konservativ einen EBIT-Beitrag von zwei Millionen Euro EBIT zusätzlich. Auf der anderen Seite erwartet der Vertrieb einen Preisverfall von einem Prozent – damit neutralisiert sich der Wachstumsbeitrag.

Ein weiterer Faktor ist die Entwicklung der Materialpreise. Hier erwarten wir bei 60 Prozent Materialquote eine Teuerung von 2,5 Prozent – vor Einkaufsmaßnahmen. Ein weiterer wichtiger Faktor ist die Lohnentwicklung: Gehen wir einmal von einer Erhöhung der Lohnsumme um vier Prozent aus. Bei einer Lohnquote von 30 Prozent reden wir über einen negativen Effekt von 2,4 Millionen.

Allein durch diesen Gegenwind wird das Ergebnis von 16 auf zehn Millionen Euro absinken, wenn das Unternehmen nicht reagiert. Bezogen auf unser Ziel von 22 Millionen beträgt unsere Dynamische Lücke schon zwölf Millionen Euro. Um diese Lücke zu schließen, müssen wir also Maßnahmen ergreifen, aber sie werden nicht alle ihr Ziel erreichen. Wenn wir auf der sicheren Seite sein wollen, müssen wir einen Vorhalt einrechnen für Maßnahmen, die ihr Ziel nicht erreichen. In der Praxis haben sich dazu 30 Prozent Aufgeld bewährt.

Damit beträgt die Dynamische Lücke bei diesem 200-Millionen-Unternehmen 16 Millionen Euro - zehn Millionen Euro mehr als bei der statischen Lücke (Bild 4.3). Das Ziel ist damit definiert: Die Organisation muss Verbesserungsmaßnahmen im Gegenwert von 16 Millionen Euro finden: Das ist Afrika. Jetzt wissen wir genau, wo das Ziel ist und welchen Aufwand es erfordert, den Weg dorthin zurückzulegen. Wir werden über die nächsten Jahre regelmäßig die Dynamische Lücke überprüfen und die Annahmen aktualisieren. Das Ziel aber bleibt unverändert.

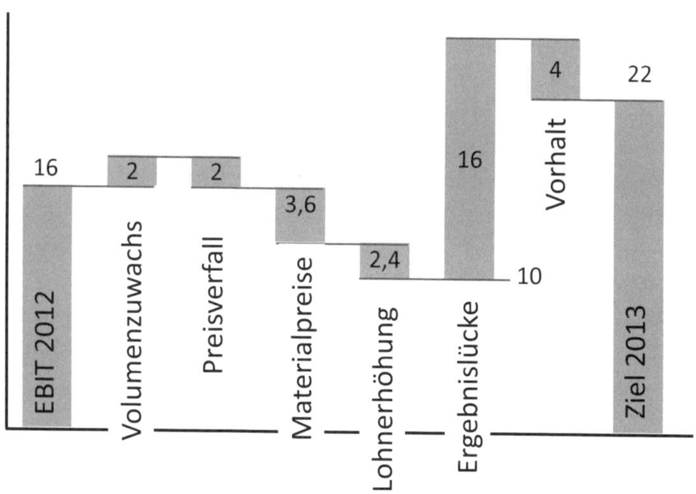


**Bild 4.3** Fallbeispiel für die Dynamische Lücke - auch in einem erfolgreichen Unternehmen besteht eine signifikante Ergebnislücke in der Größenordnung des Jahresergebnisses

## 4.6 Alle Maßnahmen mit einer Währung messen

Von nun an geht es nur noch darum, diese Lücke zu schließen, um Afrika zu erreichen. Aber wir können doch nicht alles auf Geld herunterbrechen. Wo bleiben denn die Kunden, die Mitarbeiter, die Innovationen? Diese Einwände hören wir zu Beginn sehr häufig. Zum einen ist Geld eine von allen akzeptierte Maßeinheit, die keinerlei Interpretationsspielraum zulässt. Ein Euro ist ein Euro, Punkt. Zum anderen gibt es in Unternehmen nahezu keine Aktionen, keine Prozesse, keine Veränderungen, die sich nicht in diese Maßeinheit überführen lassen.

Das Abschätzen von monetären Effekten zwingt alle Beteiligten, die Konsequenzen zu durchdenken. Wenn die Löhne sowie die Materialpreise steigen und gleichzeitig die Preise verfallen, was bedeutet das beispielsweise für den geplanten Neubau des Verwaltungsgebäudes? Wenn das Ergebnis kontinuierlich sinkt, müssen wir dann nicht hinterfragen, ob bestimmte Gewohnheiten wie der Verzicht auf Leistungslohn noch praktikabel sind? Wir haben immer wieder festgestellt, dass es die Diskussionsteilnehmer „erdet“, wenn Ziele und Maßnahmen in Euro und Cent ausgedrückt werden müssen.

Wir haben vor einigen Jahren bei einem Unternehmen ein Kulturwandelprojekt begleitet. Ja, lächeln Sie beim Thema Kulturwandel ruhig, viele Führungskräfte des entsprechenden Unternehmens haben das auch getan. So lange, bis wir angefangen haben, die Währung Geld ins Spiel zu bringen.

Was kostet es das Unternehmen, wenn Meetings regelmäßig erst mit 15 Minuten Verspätung beginnen, weil Pünktlichkeit von den Vorgesetzten nicht vorgelebt wird? Nehmen wir einmal an, ein typisches Meeting hat acht Teilnehmer. Der Stundensatz, der den Kunden in Rechnung gestellt wird, beträgt durchschnittlich 100 Euro. Das macht 200 Euro für jedes Meeting, das mit Verspätung beginnt. Bei 200 Meetings im Jahr kommen wir auf 40.000 Euro, die das Unternehmen durch Unpünktlichkeit verliert. Da werden nicht nur eingefleischte Controller hellhörig.

Was kostet es, wenn durch einen ruppigen Führungsstil der Krankenstand um zwei Prozent höher liegt als in anderen Unternehmen? Oder, um den Finger einmal in eine gerne ignorierte Wunde zu legen: Was kostet es, wenn in einem Unternehmen Fälligkeitstermine eher als Anhalt denn als absolut bindend gesehen werden? Wenn es üblich ist, dass Meetings regelmäßig mit Verspätung beginnen, dann wird der Umgang mit Lieferterminen sehr wahrscheinlich ähnlich entspannt sein. Und geplatzte Liefertermine können sehr schnell sehr viel Geld kosten.

Das waren keine knochenharten Berechnungen mit drei Stellen hinter dem Komma, sondern Schätzungen. Aber im Zugvogel-Prozess ist es oft wichtiger, mit Schätzungen die Richtung beizubehalten, als Zeit und Dynamik durch langwierige Berechnungen zu verlieren.

## 4.7 Vom Wert des Schätzens

Lee Iacocca war in den 1970ern die Nummer zwei bei Ford in Detroit. Ein extrovertierter Mensch, der sich aber mit Henry Ford II. überwarf. Nach seinem Rauswurf bei Ford wurde er CEO von Chrysler, rettete das Unternehmen vor der Pleite und wurde ein nationaler Held. 1985 veröffentlichte er ein Buch mit dem bescheidenen Titel *Iacocca*. In diesem Buch rechnet er auch mit Henry Ford II. ab. Eine Begebenheit aus den späten 1940er-Jahren: Lee Iacocca besucht die Buchhaltung von Ford und sieht, dass die Mitarbeiter dort die Rechnungen stapeln, wiegen und damit die Ausgaben schätzen! Für Iacocca ein Beispiel, wie chaotisch es bei Ford zuging, bevor er ans Ruder kam.

Jahre später griff Henry Ford II. diese Begebenheit auf. Er bestätigte die Anekdote, wies aber darauf hin, dass die Abweichungen dieser Methode vom wirklichen Wert erstaunlich gering waren. Sie hatten eine ähnliche Streuung wie die händisch eingebuchten Zahlen. Wie kann das sein? Nun, es ging um einige wenige Standardprodukte, Ford hatte damals nur wenige Modelle, die in hoher Stückzahl hergestellt wurden. Die Rechnungen bezogen sich auf vereinbarte Stückzahlen. Alle x-Tausend Komponenten stellten die Zulieferer ihre Rechnungen in der gleichen Höhe. Damit gab es einen direkten Zusammenhang zwischen der Zahl der Rechnungen, ihrem Papiergewicht und den Kosten.

Schätzungen sind erstaunlich realistisch.

Das Zugvogel-Prinzip nutzt relativ häufig das Prinzip des Schätzens. Wir sehen jetzt buchstäblich, wie einige Leser die Augenbrauen skeptisch anheben. Gerade Großunternehmen haben ausgeklügelte Planungsinstrumente und Regularien entwickelt, um absolute Planungssicherheit durch genaue Berechnungen zu schaffen. Das kann doch nicht falsch sein? Wo kommen wir denn mit Schätzungen hin?

Ein Bereich, den wir am wenigsten mit Schätzungen in Verbindung bringen, ist die moderne Luftfahrt. Sie nutzt eine extrem aufwendige Infrastruktur mit Radarüberwachungen und Transpondern in jedem Flugzeug, GPS-Ortung und Wettersatelliten. Trotz dieser technischen Hilfsmittel muss der Pilot am Ende vom Tag die Tankfüllung schätzen. Für einen Flug von Frankfurt nach Nairobi geben Fluglinien eine Streckenlänge von 6.318 Kilometern an. Flugkapitäne rechnen aber ihren Spritbedarf nicht einfach nach der Entfernung aus, sondern berücksichtigen Gegenwind und Rückenwind, und sie kalkulieren eine Reserve ein.

Wenn die Zugvögel von der Mitte Deutschlands nach Kenia fliegen wollen, dann ist ihre Aufgabe auch nicht einfach, die 6.318 Kilometer abzufliegen, denn auch sie treffen auf Rückenwind und Gegenwind. Die statische Lücke entspricht der geradlinigen kürzesten Entfernung von Start und Ziel, die Dynamische Lücke ist die in der Luft zu bewältigende Strecke unter Berücksichtigung von Gegenwind, Rückenwind und der nötigen Reserve. Sie entspricht damit der wirklich zu lösenden Aufgabe und liegt deutlich näher an der Realität der Reise von A nach B.

Schätzen hebelt Schubvernichter aus.

Schätzen hat zahlreiche Vorteile für Veränderungsprozesse, weil es einen weiteren klassischen Schubvernichter aushebelt: die Verkomplizierung durch detaillierte Berechnungen. Wer kennt nicht diesen Klassiker: Eine Arbeitsgruppe soll ein Thema bearbeiten, hat aber in Wirklichkeit kein Interesse daran. Also wird ein Unterteam gebildet, das zunächst eine detaillierte Zahlen- und Datenbasis erstellt. Bis dahin vertagt sich die Arbeitsgruppe erst einmal. Erinnern Sie sich an unseren Marketingleiter, der fünf Mitarbeiter abbauen sollte.

Schätzen dagegen ist spontan und konkret, denn es stellt die Wirkung in den Mittelpunkt. Passt der Schrank vom Antikmarkt in den Familienkombi? Dazu berechnen wir nicht das Kofferraumvolumen, sondern vergleichen unwillkürlich bereits transportierte Lasten mit der neuen Herausforderung. Wie viele Kunden kann ich spontan für eine Hausmesse begeistern? Ein erfahrener Vertriebsleiter sieht bei einer Schätzung keine Excel-Tabellen, sondern Gesichter der Kunden.

Vor allem ist Schätzen erstaunlich genau, nicht nur bei Ford in den 1940er-Jahren. Probieren Sie es einmal in der nächsten Abteilungsleiterbesprechung. Lassen Sie alle den Preis für einen Liter Milch abgeben. Einige wenige werden ihn kennen, weil sie selbst einkaufen. Die anderen werden schätzen. Einige zu hoch, andere zu niedrig. Im Mittelwert gleichen sich die Fehlschätzungen aus. In unserer Beratungspraxis erreichen Gruppenschätzungen in der Regel eine Genauigkeit, die weniger als fünf Prozent vom nachträglich errechneten Wert abweicht. Diese Präzision ist ausreichend, zumal sie einen erheblichen Zeitvorteil bringt.

Schätzungen immer ins Verhältnis zur Grundgesamtheit stellen.

Schätzen hat aber auch psychologische Effekte, die das Alignment stärken. Schätzen greift auf das latent im Führungsteam vorhandene Wissen zu. Der Einkaufsleiter hat vielleicht auch Erfahrungen in der Konstruktion gesammelt, der Vertriebsleiter war lange Zeit in der Entwicklung tätig. Werden ausdrücklich auch ungenaue Schätzungen, auch für fachfremde Gebiete und Bereiche, zugelassen, fließt von jedem zu jedem Thema die Meinung aller Teilnehmer ein – das bindet alle Beteiligte an den weiteren Prozess.

Richtig wirkungsvoll wird die Methode, wenn die Schätzung immer zusätzlich in ein Verhältnis zur Grundgesamtheit gesetzt wird. Wenn der Einkaufsleiter schätzt, dass er zwei Millionen Euro bei den Zulieferern einsparen kann, dann ist das bei einem Einkaufsvolumen von zehn Millionen sehr viel, bei einem Volumen von 50 bis 100 Millionen realistisch, bei 500 Millionen eindeutig zu vorsichtig.

Die Methode des Schätzens wird im Regelfall schnell adaptiert, weil sie die Wirkung von Maßnahmen in den Mittelpunkt stellt. Wir müssen zwei Millionen Euro einsparen? Streichen wir den Kaffee bei Besprechungen! Geschätzte Wirkung? 1.000, 2.000 Euro? Verlängern wir die Leasingdauer aller Dienstwagen um ein Jahr? Effekt: 80.000 Euro. Standardisieren wir endlich ein Bauteil? Geschätzte Wirkung 500.000 Euro. Worüber sollen wir die nächste Stunde sprechen?

## Literatur

Bogsnes, Bjarte: „Dynamic Forecasting: A Planning Innovation for Fast-Changing Times“. In: *Balanced Scorecard Report*, September 2009

Borg, Ingwer; Hillenbrand, Carola: „Prognosen als Methode zur Reduktion der Offensichtlichkeit von Umfragebefunden: Ein Pilotexperiment“. *ZUMA-Nachrichten*, 5/2003

Doppler, Klaus; Lauterburg, Christoph: *Change Management. Den Unternehmenswandel gestalten*. Campus 2008

Küpper, Hans-Ulrich: *Controlling. Konzeption, Aufgaben, Instrumente*. 5. Auflage, „Systeme der Budgetvorgabe“, S. 360 – 388, Schäffer-Poeschel 2008

Rathnow, Peter: *Management weltweit. Mit praxiserprobten Instrumenten zu Spitzenleistungen*. Oldenbourg 2010

Ulfers, Heike: *Der Consultance-Berater*. John Wiley & Sons 2007

# 5 Die Handlungsbarriere durchbrechen

*Die Reise beginnt –*
*oder wie Unternehmen die Handlungsbarriere durchbrechen*

## 5.1 Was bedeutet Handlungsbarriere?

Wenn die Tage kürzer und die Nächte kälter werden, sammeln sich die Zugvögel. Erst in kleinen Schwärmen und dann in immer größeren. Sie üben den Formationsflug, steigen auf, drehen ein paar Runden und lassen sich wieder nieder (Bild 5.1). Das Ganze ist begleitet von Geschnatter und Gezwitscher, als ob sie sich abstimmen und lernen, die jeweiligen Stimmen und Kommandos genau zuordnen zu können. Dann, über den genauen Auslöser herrscht noch Forschungsbedarf, heben sie ab gen Afrika. Sie halten im Flug die Formation, rochieren dabei aber die individuellen Positionen. Das gilt auch für die besonders anstrengende Führungsposition, des V1-Vogels. Wenn der an der Spitze ermüdet, nimmt eine Ablösung die Position ein.

**Bild 5.1** Eine Formation von Zugvögeln auf dem Weg nach Süden

Das ist nur möglich, weil sich alle Zugvögel über das Ziel und den Weg dorthin zweifelsfrei einig sind. Das ist Alignment in reinster Form: Alle Individuen sind auf das gleiche Ziel fokussiert, haben einen gleichermaßen geeichten inneren Kompass. Sowohl Führungskräfte als auch Projekte können auf dem Weg wechseln. Das Alignment, das gemeinsame Zielverständnis, gibt beidem Raum, ohne dass das Ziel aus dem Visier gerät.

Menschen und Organisationen müssen sich ein solches Alignment erst erarbeiten. Auf der einen Seite sind wir zwar soziale Wesen, auf der anderen Seite aber eben auch starke Individualisten, die eigene Ziele verfolgen, die unterschiedliche Beurteilungsmaßstäbe an Erfolg anlegen.

Das Zugvogel-Prinzip hebt das instinktgesteuerte Verhalten der Zugvögel auf eine rationale Ebene. Es hat das Ziel, den Führungskräften eines Unternehmens oder einer Organisation zu verdeutlichen, dass die aktuelle Situation Veränderungen zwingend erforderlich macht. Es verpflichtet auf ein gemeinsames Ziel. Dazu muss dieses Ziel transparent hergeleitet sowie gleiche Werte und Beurteilungsmaßstäbe zur Erreichung definiert werden. Am Ende steht ein hohes Alignment für die notwendigen Veränderungen, ein gemeinsames Ziel sowie gleiche Methoden und Maßstäbe.

In der praktischen Umsetzung beginnt der Veränderungsprozess nach dem Zugvogel-Prinzip mit strukturierten Einzelinterviews mit den definierten Führungskräften. Diese Struktur muss auf die individuelle Situation des Unternehmens abgestimmt sein. Wie heißt doch der erste Satz in Leo Tolstois *Anna Karenina?* „Alle glücklichen Familien gleichen einander, jede unglückliche Familie ist auf ihre eigene Weise unglücklich."

Um Veränderungsprozesse nach dem Zugvogel-Prinzip einzuleiten, muss ein Team definiert werden, das den Change-Prozess vorantreiben soll. Die Verbesserung der Unternehmensleistung ist der weitreichendste Veränderungsprozess, der alle Unternehmenseinheiten betrifft. Dazu nehmen wir das Führungsteam in die Pflicht. Die Auswahlkriterien für dieses Team haben wir bereits im Kapitel 2 vorgestellt.

Eine Erfahrung, bevor wir mit dem Prozess starten: Erfolgreiche Veränderungsprojekte in Unternehmen beginnen immer von oben! Von unten angestoßene Veränderungsprojekte dauern meist lange und können bei der Unternehmensleitung große Irritationen und Lähmung erzeugen.

Im Rahmen von Workshops sollte das Team dann selber die Schwachstellen erkennen, die Ziele selber setzen und die entsprechenden Maßnahmen selbst erarbeiten. Die Anzahl der nötigen Workshops variiert. Als grobe Faustregel kann man von fünf Workshops ausgehen.

Der erste Workshop sollte im Idealfall an einem neutralen Ort stattfinden und zwei Tage dauern. Befindet sich ein Unternehmen bereits in einer kritischen Phase, empfiehlt sich ein Brechen mit den Gewohnheiten, ein Lösen aus dem täglichen Kontext. Warum nutzen wir nicht Besprechungsräume in der Produktion während der arbeitsfreien Zeit von Freitag- bis Sonntagabend? Ein Unternehmen, dem es im Großen und Ganzen gut geht, kann einen solchen Workshop durchaus in der abgeschiedenen Atmosphäre eines Berghotels durchführen.

Je näher es an die Umsetzung geht, desto stärker sollten die Workshops dann in den normalen Arbeitsalltag integriert werden.

Bevor die Workshops starten, sollte bereits die Ist-Situation erfasst werden. Hierfür bietet sich die Interviewtechnik an. Durch strukturierte Einzelinterviews mit den beteiligten Führungskräften, die jeweils zwischen 60 und 120 Minuten dauern sollten, werden zahlreiche Meinungen, Einschätzungen und Erwartungen eingeholt. Die Interviewpartner sollten die aktuelle Situation beurteilen, Szenarien für die Zukunft entwerfen und einschätzen, ob und in welchen Bereichen sie Veränderungen für sinnvoll oder notwendig halten. Ebenso sollten Schätzungen über Effekte in den eigenen und fremden Unternehmensbereichen abgegeben werden.

„Es gibt nichts Gutes, außer man tut es.“ Dieser Ausspruch von Erich Kästner ist so trivial wie wahr. Das kennen wir aus dem Privatleben: Wir nehmen uns vor, endlich mehr Sport zu treiben, abzunehmen oder ein gutes Buch zu lesen. Nur, irgendwie bleibt es bei den Vorsätzen. Wir wissen, dass wir ungesund leben, und mit jedem Lebensjahr mehr spüren wir es auch mehr. Trotzdem ändern wir unsere Lebensweise oft erst nach einem harten gesundheitlichen Warnschuss. Die Einschränkungen danach sind in der Regel viel größer, als wenn wir ein paar Jahre vorher einige wenige Gewohnheiten abgelegt hätten.

Die gleichen Phänomene sind in Unternehmen erkennbar. Alle wissen, dass die Reaktionsgeschwindigkeit zu langsam ist, dass die Marktanteile schwinden, die Margen erodieren. Doch solange die Zahlen einigermaßen stimmen, passiert nichts, alle machen so weiter wie vorher, auch wenn sie insgeheim vielleicht schon längst wissen, dass sich dringend etwas ändern muss.

Wir bezeichnen das als Handlungsbarriere. Der konventionelle Managementansatz, diese Handlungsbarriere zu durchbrechen, besteht darin, nacheinander verschiedene Eskalationsstufen zu durchlaufen: Die Unternehmensleitung erstellt einen Plan und appelliert an die Führungsmannschaft in einem kommoden Ton, gemeinsam an einem Strang zu ziehen. Oft genug wird diese Hoffnung enttäuscht, und die Lage verschlechtert sich weiter. Unter dem Druck der Eigentümer oder anderer Realitäten formuliert die Unternehmensleitung ein anspruchsvolleres Programm mit ehrgeizigeren Zielen und droht Konsequenzen für alle an, die diesem Plan nicht folgen. Nach anfänglichen Erfolgen versandet das Programm, und die Situation bessert sich nicht.

Als letzte Eskalationsstufe wird dann ein neues, nicht mit dem Unternehmen vertrautes, externes Management eingesetzt, das mit der Brechstange Veränderungen durchsetzt. Das kann gut gehen, führt aber oft zu unverhältnismäßig hohen Belastungen der Organisation, der Identität und der Zukunftsfähigkeit des Unternehmens.

---

Die Handlungsbarriere: Faktoren und Summanden gezielt beeinflussen.

---

Das Zugvogel-Prinzip erzielt in der Regel mit der vorhandenen Mannschaft die notwendigen Veränderungen. Dazu muss die Führungsmannschaft die Handlungsbarriere durchbrechen. Wir haben sie Ihnen schon in der Einleitung vorgestellt:

Schmerz · Zukunftsentwurf · erste Schritte
>
Angst + Gewohnheit + Illusionen

Diese Formel baut auf Erkenntnissen der Organisationspsychologie aus den späten 1960er-Jahren auf. Wir haben sie durch Erfahrungen in der praktischen Unternehmensführung und unseren Beratungsprojekten konkretisiert. Die wichtigste Veränderung: Wir legen den Fokus auf die Beharrungskräfte, die wir deutlich differenzieren, um sie zu überwinden.

**DIE FORMEL FÜR DEN WANDEL**

1969 veröffentlichte erstmals Richard Beckhard die von David Gleicher entwickelte „Formel für den Wandel". Sie schuf ein Modell, mit dem der voraussichtliche Erfolg von Veränderungsprozessen abschätzbar wurde:

$C = (ABD) > X$

C, der Wandel, tritt ein, wenn A, die Unzufriedenheit mit der Ist-Situation, B, der gewünschte Zielzustand, und D, die ersten praktischen Schritte, größer sind als X, die Kosten der Veränderung.

Diese Formel ist in der Folgezeit mehrfach überarbeitet worden.

Die Faktoren, die eine Veränderung vorantreiben, lassen sich mathematisch beschreiben, genauso wie Summanden, die Veränderungen entgegenwirken. Während des gesamten Zugvogel-Prozesses verändern wir gezielt die Variablen, um die Handlungsbarriere zu durchbrechen. Dabei kann und muss sich der Fokus während des Prozesses mehrfach verschieben.

## 5.2 Kräfte, die beharren wollen

Beginnen wir mit der dunklen Seite, die Veränderungen verhindert: Angst, Gewohnheit und Illusion. Stellen Sie sich den Widerstand gegen Veränderungen als einen Eisberg vor. Sieben Achtel sind unter Wasser, und nur ein Achtel ragt sichtbar heraus (Bild 5.2). Das eine Achtel über Wasser sind „sachliche" Argumente, die gegen Veränderungen sprechen. Sie werden getragen und gespeist von den sieben Achteln unter Wasser. Dort sitzen die Ängste, Gewohnheiten und Illusionen. Wer das sichtbare Achtel Ratio überwinden will, muss diese Ängste, Gewohnheiten und Illusionen ansprechen und aufheben. Denn diese drei sind die Beharrungskräfte, die Change-Management ins Leere laufen lassen.

Der Widerstandseisberg: Nur ein Achtel ist sichtbar.

Wie funktioniert der Eisberg? Fangen wir wieder einmal im Kleinen an. Da ist der 17-jährige Sohn oder die 16-jährige Tochter, die plötzlich abends nicht mehr bei der Familie sitzen, sondern mit Freunden ausgehen wollen. Das ist doch viel zu früh, denken sich die Eltern, er oder sie sind doch noch Kinder. Was sollen wir denn ohne die Kinder machen, sie waren doch seit ihrer Geburt unser Familienmittelpunkt? Das sagen die Eltern nicht, sondern sie argumentieren mit den Gefahren der Nacht, sie führen das Jugendrecht ins Feld. Kurz, sie wandeln ihre Ängste in externe Faktoren um.

Dadurch, dass die Eltern die wahren Gründe nicht ansprechen, bereiten sie den Boden für lange und unerquickliche Diskussionen mit ihrem Nachwuchs. Das Ergebnis sind Spiegelfechtereien über vorgeschobene Gründe, die nie zu einem vernünftigen Ergebnis kommen werden.

**Bild 5.2** Das Eisbergmodell der Widerstände

Ein weiteres Beispiel: Ein Maschinenführer bedient seit Jahren eine Maschine hervorragend, kümmert sich selbst um die Wartung und ist als Einziger in Lage, die Maschine in Rekordzeit zu reparieren. Jetzt steht die Entscheidung an, die alte Maschine durch eine neue zu ersetzen. Unser hervorragender Mitarbeiter freut sich aber nicht, sondern findet jede Menge Gegenargumente: Die neue Maschine ist störanfällig, hat er gehört, die Software sei fehlerhaft und der Wartungsaufwand viel höher. Der wahre Grund: Unser Maschinenführer hat schlichtweg Angst, die neue, computergesteuerte Maschine nicht zu verstehen, er hat Angst vor eine Überforderung und den Verlust seiner herausragenden Position.

Diese Ängste dürfen Führungskräfte ihren Kollegen gegenüber niemals offenlegen, sonst stehen sie als Schwächlinge dar, als führungsschwache Zweifler. Das ist zumindest die vorherrschende Befürchtung. Also wandeln sie ihre Ängste in scheinbar rationale Argumente um, um Veränderungen zu verhindern. Nachfolgend einige Beispiele:

- *Über Wasser:* Eine weitere Umorganisation verkraftet das Unternehmen nicht, die Mitarbeiter haben sich noch gar nicht in ihre neuen Aufgaben eingefunden.

  *Unter Wasser:* Die Führungskraft verdankt ihren Aufstieg in die aktuelle Position eben dieser Umorganisation und hat kein Vertrauen in die Geschäftsführung, dass sie eine passende Aufgabe für sie bereithält.

- *Über Wasser:* Die Wettbewerber nutzen jede Schwäche gnadenlos aus. Erst letztens hat mich ein Kunde angesprochen, er habe Gerüchte gehört, wir würden mit einem massiven Kostensenkungsprogramm Kompromisse bei der Qualität eingehen. Gerade jetzt müssen wir nach außen hin finanzielle Stärke demonstrieren.

  *Unter Wasser:* Was, mein neuer Dienstwagen soll eine Nummer kleiner ausfallen? Was sollen meine Familie, meine Freunde, meine Nachbarn von mir denken? So viel Zeit opfere ich für das Unternehmen, und dann soll ich öffentlich degradiert werden?

- *Über Wasser:* Damit verlassen wir die dokumentierten Prozesse und handeln uns erhebliche Qualitätsrisiken ein.

  *Unter Wasser:* Da kommt eine riesige Menge Arbeit auf mich zu. Wer arbeitet, macht Fehler, die mir dann vorgeworfen werden.

- *Über Wasser:* Wir müssen für Kunden und Mitarbeiter berechenbar bleiben.

  *Unter Wasser:* Ich habe jetzt jahrelang offiziell diese Strategie mitgetragen und gegen jeden Vorwurf verteidigt. Wie soll ich das denn schlüssig erklären? Dann nimmt mich niemand mehr ernst, ich verliere meine gesamte Autorität.

- *Über Wasser:* Wir haben unsere Lieferanten bereits bis zum Äußersten ausgequetscht. Wenn wir jetzt noch einmal nachlegen, dann geht das nur zulasten der Qualität.

  *Unter Wasser:* Ich schäme mich doch jetzt schon, zu den Zulieferern zu gehen. Wir überziehen unsere Zahlungsziele und halten die Abrufmengen nicht ein. Da bin ich doch schon froh, wenn wir überhaupt noch Lieferungen erhalten.

---

Gewohnheiten sind gefährlich, weil wir sie nicht mehr bemerken.

---

Damit haben wir schon zwei Summanden, nämlich Angst und Illusionen, die wir schon beim Omertà-Dilemma beleuchtet haben. Dazu kommt als dritter Bremswiderstand die Gewohnheit. Sie ist besonders gefährlich, weil wir sie gar nicht mehr als Regelmäßigkeit bemerken. Die Gewohnheit ist ein verführerischer Zeitgenosse. Never touch a running system! Das ist ein beliebtes Argument, um die Routine zu erhalten. Routinen geben Sicherheit. Die Sicherheit, einen Job zu beherrschen. Routinen sparen Zeit, die der Familie und den Hobbys zugutekommt. Routinen sind berechenbar, und sie helfen, Fehler zu vermeiden.

Es gibt in Unternehmen einige Synonyme für Routine: Eingeschwungene Zustände, stabile Prozesse oder: „Haben wir nicht aus den Fehlern der Vergangenheit gelernt? Damals ist es doch auch schiefgegangen, und wir haben einen wichtigen Kunden verloren.“ Beliebte weitere Totschlagargumente für den Status quo: „Das ist vom Konzern so vorgegeben“ oder: „Dann müssen wir aber das Qualitätsmanagementbuch komplett umarbeiten.“

Um die Handlungsbarriere zu überwinden, müssen Ängste, Gewohnheiten und Illusionen gezielt angesprochen werden. Die sachlichen

Argumente müssen hinterfragt und die dahinter stehenden Ängste verringert werden.

Dazu muss der Workshop auf Veränderung eingestimmt und über die gesamte Zeit auf dieser Linie gehalten werden. Dazu bietet sich ein zirkuläres Feedback an. Aus einem offenen Regelkreis wird ein geschlossener. Das ist wie der Unterschied zwischen einer Fahrtbeschreibung und einem GPS-Navigationssystem.

Bei einer Fahrtbeschreibung geben Sie bei einem Routenplaner ein Ziel ein und drucken die Anweisungen aus. Wenn Sie eine Abzweigung verpassen, merken Sie es womöglich erst, wenn Sie sich völlig verfahren haben. Ein GPS-Navigationssystem dagegen ist ein geschlossener Regelkreis. Sie geben das Ziel ein und fahren los. Alle paar Sekunden verbindet sich das Navigationssystem mit einem Satelliten und vergleicht den aktuellen Standort mit dem errechneten. Bei Abweichungen reagiert es sofort und führt uns auf den richtigen Weg zurück. Das zirkuläre Feedback ist so ein geschlossener Regelkreis.

Zirkuläres Feedback hält Diskussionen auf Kurs.

Zu Beginn des Workshops wird eine Reihe von Aussagen auf ein Flipchart geschrieben. „Ich kann offen meine Meinung sagen.“ „Wir reden über die richtigen Themen.“ „Wir sind radikal genug.“

Während des Workshops ordnen die Teilnehmer diese Aussagen und weitere in einer geheimen Abstimmung auf einer Skala von 1 bis 10 ein. Das Ergebnis wird unmittelbar ausgewertet und an das Flipchart geschrieben. Sind wir aktuell dort, wo wir sein wollen? Damit findet sich jeder Teilnehmer wieder und kann sich selbst im Vergleich zu seinen Kolleginnen und Kollegen einschätzen. Zu Beginn liegen die Bewertungen in allen Kriterien niedriger als im weiteren Prozessverlauf (Bild 5.3).

**Feedback:** 1 = nein 10 = optimal

| | 1 | 2 | 3 | 4 | 5 |
|---|---|---|---|---|---|
| Radikal? | 5,4 | 5,9 | 6,3 | 7,2 | 7,9 |
| Offen Miteinander? | 6,6 | 6,8 | 7,8 | 7,5 | 9,0 |
| Viele Ideen? | 4,8 | 6,5 | 6,5 | 6,1 | 6,8 |

**Bild 5.3** Beispiel eines zirkulären Feedbacks: Fünfmal im Verlauf des Workshops wurde das Feedback eingeholt, die Werte stiegen im Verlauf deutlich an

## 5.3 Fragen, Fragen, Fragen

Es ist eine der unangenehmsten Fragen für die meisten Kinder, sobald sie auf die weiterführende Schule gehen: „Was willst du denn später werden?" Die Phase der Feuerwehrmänner und Astronauten ist vorbei, aber ein wirkliches Ziel können die Kinder noch nicht benennen. Je älter sie werden, desto häufiger werden sie von Verwandten, Eltern der Freunde und den Lehrern nach dem Berufsziel gefragt. So langsam kommt die Erkenntnis, dass die Frage wohl wirklich wichtig ist, sonst würde sie ja nicht andauernd gestellt. Mehr noch, offensichtlich kommt da eine Entscheidung auf die Jugendlichen zu, der sie kaum ausweichen können – also beginnen sie, sich mehr oder weniger ernsthaft mit der Frage zu beschäftigen. Jetzt können sie erste Antworten geben, die dann direkt zu Nachfragen führen. Der Onkel hat einen Nachbarn, der genau diesen Beruf ausübt, vielleicht ist da ja ein Praktikum möglich. Damit wird aus der andauernden Wiederholung einer Frage ein dynamischer Prozess.

> Fragen lenken unser Denken.

Diese Methode funktioniert auch beim Zugvogel-Prinzip. Dadurch, dass immer wieder die gleiche Frage gestellt wird, ob die Diskussion radikal genug ist, an die Wurzeln der Probleme geht, werden die Teilnehmer ermutigt, eben radikale Fragen zu stellen. Im Verlauf der Workshops entwickelt sich dann eine Dynamik in Richtung Radikalität, Offenheit und richtiger Themen. Und das sollte auch so sein.

Im Laufe des Prozesses verschiebt sich der Fokus der Fragen. Zu Beginn geht es in der Regel zunächst darum, die Offenheit und die Radikalität der Diskussion zu fördern, um die Ängste aufzulösen, das Omertà-Dilemma zu überwinden und mit Gewohnheiten zu brechen. Später gewinnen andere Fragen an Bedeutung, die die Machbarkeit und Umsetzung von Vorschlägen betreffen. Dann geht es um Schnelligkeit, um Disziplin oder Ergebnisorientierung (Bild 5.4).

**Bild 5.4** Die Wertelupe – zu Beginn des Zugvogel-Prozesses liegt der Fokus der geförderten Werte auf Kreativität und Radikalität

Zunächst sollte ein Konsens über Fragen erzeugt werden, die die Illusionen und Gewohnheiten infrage stellen. Dazu muss immer wieder ein Feedback eingeholt werden. Dann richtet sich der Fokus auf die linke Seite der Formel: Schmerz, Zukunftsentwurf und erste Schritte. Bereits in der Urversion stand zwischen den Faktoren ein Multiplikationszeichen. Ist nur einer der Faktoren schwach ausgeprägt oder gar null, dann verfehlt die linke Seite die kritische Größe für Veränderungen, ein klassischer Fall des Anna-Karenina-Prinzips.

**DAS ANNA-KARENINA-PRINZIP**

Es gibt Ereignisse, für die mehrere Faktoren zusammentreffen müssen. Wird nur eine Bedingung nicht erfüllt, dann tritt das Ereignis nicht ein. Dieser komplexe kausale Zusammenhang wird in der Wissenschaft als „Anna-Karenina-Prinzip" bezeichnet.

Es müssen also alle drei Faktoren, Schmerz, Zukunftsentwurf und erste Schritte in dem Workshop deutlich über null gebracht werden. Gemäß Leo Tolstois unglücklichen Familien hat jedes Unternehmen seine eigene Geschichte. Reihenfolge und Intensität der nächsten Schritte können erheblich variieren, und sie hängen von der individuellen Problemstellung in den jeweiligen Unternehmen ab.

## 5.4 Schmerz sicht- und fühlbar machen

Wir beginnen mit dem Schmerz. Schmerz ist latent immer schon vorhanden. Er muss nur sichtbar gemacht werden.

Beispiel Omertà-Dilemma: Die Führungskräfte leiden unter dem Omertà-Dilemma, aber sie wagen es nicht, es zu überwinden. Mehr noch, wenn Externe sich vor die Gruppe stellen und ihnen erzählen, wie die Realitäten sind, erzeugt das reflexhaft Rechtfertigungen für das Schweigen und den Widerstand der Gruppe. Nein, die Gruppe muss aus sich heraus das Omertà-Dilemma überwinden und Mythen als solche erkennen.

Dazu können anonymisiert die Ergebnisse aus den Einzelinterviews präsentiert werden: „Aus unseren Einzelinterviews wissen wir, dass zehn von zwölf aus diesem Kreis nicht mehr glauben, dass ihr Unternehmen Innovationsführer ist. Sie glauben es selbst nicht mehr." Die anonymisierten Einzelmeinungen widersprechen sehr häufig – wenn nicht sogar immer – der Gruppenmeinung. In den seltensten Fällen wird dieser Widerspruch sofort aufgelöst. Vielmehr ergreifen oft die selbst ernannten „Wächter der Omertà" zunächst das Wort.

Jetzt geht es darum, die Diskussion am Köcheln zu halten. Wenn notwendig, sollten Pausen eingelegt werden. Vor jeder Pause kann das zirkuläre Feedback entgegengenommen werden. Die Pausengespräche bieten sich dafür an, den einen oder anderen zu ermutigen oder, wenn nötig, die „Wächter der Omertà" zur Zurückhaltung zu ermahnen. Dann sollte der Stand des zirkulären Feedbacks gezeigt werden. Dabei kommt an dieser kritischen Wegscheide immer das gleiche Ergebnis heraus: Der Wert für Offenheit steigt in dem Maß, in dem die einzelnen Teilnehmer beginnen, von der offiziellen Meinung abzuweichen.

Niemals dürfen die Moderatoren das Omertà-Dilemma auflösen, das müssen die Workshop-Teilnehmer selbst tun, auch wenn es manchmal ein quälend langer Prozess zu sein scheint. Die Führungskräfte selbst müssen es aussprechen und sich gegenseitig bestätigen. Erst dann durchbrechen sie die Mauer des Schweigens.

## 5.5 Von der Erkenntnis zur Aktion

Ist das geschafft, muss zwangsläufig die empfundene Erleichterung in Aktion überführt werden. Die Unternehmensleitung muss einen glaubhaften Ablasshandel, ein Resozialisierungsprogramm etablieren. Die Führungsmannschaft hat sich und den Mitarbeitern jahrelang die Wahrheit verschwiegen. Aber es gibt eine Möglichkeit, es wiedergutzumachen: Wer jetzt den Veränderungsprozess aktiv vorantreibt, „entschuldet“ sich. Das adressiert die unteren sieben Achtel des Eisbergs bei diesem einen Punkt und führt in der Regel zu einer hohen Akzeptanz.

Die Mythen zu sprengen und die Heldengeschichten zu entlarven erfordert ein anderes Vorgehen. Bei dem Omertà-Dilemma wissen die Teilnehmer, dass Wunsch und Wirklichkeit auseinanderklaffen. Sie trauen sich nur nicht, es auszusprechen. Bei Mythen und Heldengeschichten handelt es sich dagegen um stabilisierende Überzeugungen. Sie wurzeln in vergangenen Erfolgen, die auf die Zukunft fortgeschrieben werden – ungeachtet veränderter Rahmenbedingungen.

Wir sind Premium, oder unsere Kunden bleiben uns treu. Zwei überaus verbreitete Mythen. Auch hier nutzen wir die Einzelinterviews: Sie sind Premium, aber wir wissen aus den Vorgesprächen, dass zwei Wettbewerber höhere Preise am Markt durchsetzen als Ihr Unternehmen. Haben Sie nicht im vergangenen Monat einen Großkunden verloren?

Gegenbeispiele helfen, aber in dieser Phase können nur Zweifel an den Mythen erzeugt werden. Mythen und Heldengeschichten verschwinden nicht einfach, sie müssen überschrieben werden. Das ist ein längerer Prozess. Aber auch hier müssen bereits im Workshop die sieben Achtel unter Wasser angesprochen werden. Wenn wir nicht mehr Premium sind, wie kommen wir wieder dorthin? Was ist eine alternative Nische?

## 5.6 Zahlen überzeugen

Damit haben wir schon eine Menge Schmerz sichtbar gemacht. Im Laufe des Workshops berechnen wir mit den Teilnehmern die Dynamische Lücke. Sie erfüllt gleich mehrere Aufgaben: Sie zeigt das Ziel,

Afrika, an und verdeutlicht, wie weit der Weg dorthin ist. Sie verdeutlicht gleichzeitig einen hohen Schmerz, denn in der Regel ist sie weitaus größer, als jeder erwartet hat. Der entscheidende Punkt dabei ist, dass die Berechnung auf Basis von Zahlen aus den eigenen Reihen kommt.

Die Teilnehmer des Workshops müssen ihre eigenen Zahlen einbringen. Dafür reichen Schätzungen, die bei Bedarf mit dem gesamten Team erarbeitet werden sollten. Der Vertriebsleiter gibt eine Schätzung des möglichen Umsatzwachstums ab – damit ist er im Boot. Wie entwickeln sich die Einkaufspreise, wenn wir keine Maßnahmen ergreifen? Verhaftet! Nacheinander erarbeiten wir mit den Teilnehmern alle relevanten Zahlen für den Rücken- und den Gegenwind. Damit werden aus Betroffenen Beteiligte.

Regelmäßig schockiert die Dynamische Lücke die Teilnehmer des Workshops. Sie verdeutlicht, was passiert, wenn nichts passiert. Bei einem einfachen „Weiter so“, sinkt das Ergebnis. Sich einfach treiben zu lassen und den alten Gewohnheiten und Illusionen nachzuhängen gefährdet die Zukunft – das zeigen die eigenen Zahlen. Also geht es jetzt darum, gegen den Strom zu rudern, um die Performance zu verbessern. Gleichzeitig wird klar, dass die üblichen Maßnahmen nicht ausreichen werden. Jetzt verschiebt sich der Fokus beim zirkulären Feedback auf den Wert Radikalität. Denn jetzt wissen wir, wo Afrika liegt und wie viel Anstrengung der Weg dorthin erfordert.

Vor allem schaltet es einen weiteren wichtigen Schubvernichter für Veränderungsprozesse aus: die sonst immer wieder aufflammende Diskussion, ob das angestrebte Ziel überhaupt sinnvoll und erreichbar ist. Alle Führungskräfte haben dieses Ziel erarbeitet und sind damit fest mit ihm verbunden. Es basiert auf ihren Schätzungen und Daten. Damit etabliert die Dynamische Lücke über das gemeinsame Ziel hinaus auch gemeinsame Kriterien und Werte. Sie löst ein weiteres Problem: Die Dynamische Lücke ist auch den Mitarbeitern plausibel zu erklären. Anders als von Beratern vorgegebene Werte sind alle Annahmen den Führungskräften bekannt und transparent.

Wie groß diese Lücke ist, überrascht immer wieder die Führungskräfte in unseren Workshops. Denken Sie an das Rechenbeispiel des 200-Millionen-Euro-Unternehmens. Mit einer Umsatzrendite von acht Prozent war es durchaus erfolgreich. Dennoch erreichte die Dynamische Lücke die Größenordnung des aktuellen Jahresergebnisses.

Mit der Dynamischen Lücke weiß die Führungsmannschaft, wo Afrika liegt. Das Ziel steht unverrückbar fest, und alle Maßnahmen werden ausschließlich daran gemessen, welchen Beitrag sie zur Zielerreichung leisten.

---

Der Zukunftsentwurf konkretisiert sich mit dem Prozess.

---

Die Dynamische Lücke macht den Schmerz fühlbar und offensichtlich. Daraus leitet sich der Zukunftsentwurf ab, den wir ja auch benötigen, um die Handlungsbarriere zu durchbrechen. Dabei steht am Anfang kein ausformuliertes und eloquent formuliertes Statement. Vielmehr ist der Zukunftsentwurf zunächst fragmentarisch und auf den Prozess bezogen. Am Anfang besteht er darin, dass die Teilnehmer abstrakt davon überzeugt sind, dass sie die Dynamische Lücke schließen können. Mit jeder Maßnahme konkretisiert und verfestigt sich dieser Entwurf und stärkt das Vertrauen, dass das Unternehmen auf dem richtigen Weg ist.

Inhaltlich bewegt sich der Zukunftsentwurf im Laufe des Change-Management-Prozesses immer mehr darauf zu, zum obersten Drittel der Vergleichsgruppe zu gehören. Das kann nur dann funktionieren, wenn Illusionen als solche entlarvt worden sind und alte Gewohnheiten abgelegt werden.

Jetzt geht es darum, noch während dieses Workshops die ersten Schritte zu gehen.

Zugvögel sammeln sich zunächst in kleinen Schwärmen und üben die Formation für den Flug nach Afrika ein. Das Einüben der Formation, das Einleiten der ersten Schritte muss der Workshop leisten. Wir haben einen Vorteil: Die Dynamische Lücke gibt einen Betrag vor, den wir mit Maßnahmen füllen müssen. Erinnern Sie sich an unsere beiden Pärchen: Das eine wollte nur aus dem Dispo, das andere hatte ein klares Ziel. Dieses Ziel haben wir mit der Dynamischen Lücke gesetzt, und das erzeugt einen Maßnahmensog.

Das Team muss jedes Projekt mit Geld bewerten und den Vorhaltewinkel für nicht komplett erreichte Ziele beachten. Diese Suche nach Maßnahmen dauert so lange, bis die Lücke gefüllt ist. Da die Dynamische Lücke mit den gewohnten Maßnahmen allein nicht zu schließen ist, fordert das Zugvogel-Prinzip die gesamte Kreativität der Führungsmannschaft.

Betrachten wir einen entscheidenden menschlichen Faktor: Es gibt Führungskräfte, die viel Kreativität zulassen und bereit sind, neue Wege auszuprobieren. Oft haben sie aber eine Schwäche beim effizienten Nachhalten. Auf der anderen Seite gibt es Führungskräfte, die systematisch und bis ins letzte Detail Fortschritte kontrollieren, aber wenig Kreativität zulassen. In der Praxis treffen wir in den seltensten Fällen Menschen an, die in beiden Ausprägungen extrem sind.

Zu Beginn stärkt das Zugvogel-Prinzip die Kreativität und führt Disziplin und Nachhalten schrittweise im weiteren Verlauf ein.

In der Regel werden bei Meetings, in denen Vorschläge gefordert werden, immer nur die sicheren Vorschläge auf den Tisch kommen. Das kennen Sie wahrscheinlich auch aus eigener Erfahrung. Sie sind in einem Meeting aufgefordert, Ideen für eine Kostensenkung oder für neue Produkte zu benennen. Jetzt haben Sie zwei Möglichkeiten: Sie greifen in die Schublade mit den bewährten Ideen und verringern damit Ihr persönliches Risiko. Oder Sie können wirklich kreative Ideen und radikale Ansätze vorschlagen. Dann gibt es wieder zwei Möglichkeiten. Sie werden belächelt, und der Vorschlag wird mit einem Killerargument abgewürgt – nicht nett, Sie wollen nicht als Fantast gelten. Oder Sie sollen innerhalb kürzester Zeit eine Machbarkeitsstudie mit konkreten Zahlen und Zeithorizonten erarbeiten. Das können Sie in der gegebenen Zeit gar nicht, und Sie stehen ebenfalls schlecht da. Welche Möglichkeit werden Sie wählen?

Was wir beschrieben haben, ist die typische Perfektionsfalle. Bevor ein Projekt startet, erwarten viele Unternehmen, dass schon zu Projektbeginn der Ausgang perfekt geplant sein muss. Die Planungspräzision ist mindestens so wichtig wie die Umsetzung. Um das zu erreichen, kommen nur sichere Projekte in die Planung. Das verringert das Risiko, die Planung zu verfehlen, ignoriert aber das Potenzial neuer Ideen komplett. Schlimmer noch, im Projektverlauf sinkt mit der Zeit fast immer die Umsetzungsdisziplin. Der Schwung lässt nach, und schon längst sind weitere Projekte aufgesetzt. Häufig wird dann die Pareto-Regel von 80 zu 20 zitiert. „Wir haben doch bereits 80 Prozent der Ziele erreicht, für die restlichen 20 Prozent müssten wir dann noch einmal 80 Prozent Aufwand hineinstecken …“

Die Frage ist also: Wie entkommen Sie dieser typischen Perfektionsfalle und wie erreichen Sie, dass die sonst ungeöffneten Schubladen geöffnet werden und auch neue, radikale und nicht erprobte Ideen auf den Tisch kommen?

Wir entkommen der Perfektionsfalle, indem wir das Vorgehen umdrehen. Wir beginnen kreativ und soft und steigern die Verbindlichkeit und Planungsgenauigkeit erst im Verlauf der Maßnahme.

Zu viel Planung am Anfang bremst kreative Ideen aus.

Viele Großunternehmen investieren riesige Summen in Forschung und Entwicklung. In den vergangenen Jahrzehnten haben sie komplexe Planungen und Prozesse eingeführt. Damit verfolgen die Unternehmen zwei Ziele: Zum einen wollen sie direkt perfekte Produkte und Lösungen entwickeln, zum anderen die Ressourcen nur auf aussichtsreiche Projekte mit dem größten Markpotenzial konzentrieren.

Die Entwickler müssen vorab mitunter monatelang erst einmal Marktzahlen zusammensuchen, bevor sie den Antrag auf ein offizielles Projekt stellen können. Die Entwicklung soll nur solche Ideen verfolgen, die sicher zum Erfolg führen. Kommt Ihnen das bekannt vor? Ja, auch hier schlägt die Perfektionsfalle zu.

Trotz vieler milliardenschwerer F&E-Budgets kommen bahnbrechende Innovationen aber oft nicht von Großunternehmen, sondern von kleineren und mittleren Unternehmen. Sie lassen mehr Kreativität zu, sind risikobereiter. Es gibt eine Reihe von Großunternehmen, die Auswege aus dieser Falle gefunden haben. Sie räumen Entwicklern und Produktmanagern ausdrücklich Arbeitszeitkontingente für eigene Ideen ein. In dieser Zeit können die Mitarbeiter an diesen Ideen außerhalb der offiziellen Entwicklungsplanung arbeiten. Der Mischkonzern 3M ist ein Beispiel, der damit seit vielen Jahren erfolgreich ist und immer wieder Innovationen hervorbringt. Ein konkretes Ergebnis: die gelben Post-it-Klebezettel, ein absoluter Marktrenner.

## 5.7 Härtegradlogik: Eine neue Perspektive einnehmen

In jedem Unternehmen stecken viel mehr Ideen, als je in den Meetings auf den Tisch kommen. Das Zugvogel-Prinzip stärkt bei der Maßnahmenfindung die Kreativität der Mitarbeiter. Sie müssen nicht erst umständlich belastbare Daten sammeln, sondern das Schätzen der Wirkung reicht im ersten Schritt. Wenn sich eine neue Idee als nicht umsetzbar erweist, dann ist das kein Fehler des Ideengebers, sondern einfach eine Sackgasse. Dann wird das Projekt eingestellt und die nächste Idee ausprobiert. Dazu muss die Organisation, also die Unternehmensleitung, bereit sein, das Risiko des Scheiterns als Chance zu erkennen.

Zum anderen erfordert dieser Ansatz die Einführung einer neuen Methodik, der Härtegradlogik. Sie ist ein formalisiertes Vorgehen, das kreative Ideen fördert und ihre Wirkung objektiv nachvollziehbar und messbar bewertet. Sie ermöglicht es, weich zu starten, weil sie die Hürden für Ideen niedrig legt. Im weiteren Fortschritt ist es sinnvoll, die Hürden schrittweise höher zu legen.

Der Härtegrad wächst mit dem Projektfortschritt.

Die Härtegradlogik bringt für Unternehmen einen neuen Betrachtungswinkel, den wir im Privatleben alltäglich anwenden. Sie wollen wieder Sport zum Ausgleich treiben? Junior schlägt Squash vor, aber nach wenigen Versuchen erkennen Sie, dass es zu stark die Gelenke belastet. Okay, dann vielleicht Laufen. Stellen Sie direkt Trainingspläne für ein Wettkampfniveau auf und analysieren die Bestzeiten Ihrer Altersklasse? Das mag vorkommen, aber der normale Weg ist, dass Sie einfach anfangen, zu laufen. Wenn es Ihnen Spaß macht, dann steigern Sie Ihr Trainingspensum. Dann nehmen Sie vielleicht an Volksläufen teil und erringen erste Erfolge. Wenn Sie dann noch Potenzial nach oben sehen, dann beginnen Sie, sich mit den Bestzeiten Ihrer Altersklasse zu beschäftigen und Trainingspläne aufzustellen.

Wenn in Deutschland ein Mittelständler oder Kleinunternehmer oder Computerfreak eine neue Geschäftsidee hat und damit zu seiner Bank geht, wird er erst dann eine Anschubfinanzierung bekommen, wenn er detaillierte Geschäftspläne vorlegt. Da die Bank in der Regel Risiken scheut, wird sie immer weitere Zahlen nachfordern. Der Aufwand für dieses Vorgehen ist so hoch, dass die meisten Ideen keine Chance bekommen.

Im Silicon Valley greift ein völlig anderer Ansatz. Dort gibt es Risikokapitalgeber. Sie ermutigen Ideengeber und setzen die erste Hürde sehr niedrig. Sie hören sich 100 Ideenskizzen an und sagen vielleicht bei zehn Vorschlägen: Das hört sich interessant an. Wir geben euch ein bisschen Geld, damit ihr die Idee weiter ausarbeitet. Kurze Zeit später treten die zehn wieder an, und der Risikokapitalgeber analysiert die groben Schätzungen. Bei vieren sehen sie Potenzial und geben gerade so viel Mittel frei, dass die Betreffenden die Schätzungen plausibilisieren und den notwendigen Aufwand genauer abschätzen. Erst in einer nächsten Stufe entscheidet sich, ob die Idee weiter finanziert wird.

Das Ergebnis ist bekannt: Während in Deutschland nur sichere Ideen eine Anschubfinanzierung erhalten, bekommen innovative Geschäftsideen im Silicon Valley eine Chance. Dabei kommt nicht immer ein Amazon, ein Google oder ein eBay heraus. Aber es gibt zahlreiche Start-ups, die ein Vielfaches ihrer Investition einspielen, weil sie von Großunternehmen akquiriert werden. Die Rendite der Risikokapitalgeber ist übrigens erheblich höher als die deutscher Banken.

Unternehmen, die neue Ideen erst dann zulassen, wenn sie perfekt durchgerechnet sind, werden immer eine geringere Ausbeute haben als solche, die neue Ideen ermutigen und zunächst mit groben Schätzungen arbeiten und die Belastbarkeit nach und nach erhöhen.

Diesen Ansatz übertragen wir auf die Unternehmensebene, um neuen Ideen eine Chance zu geben und damit am Ende vom Tag eine höhere Wirkung zu erzielen. Dazu bekommt jede vorgeschlagene Maßnahme direkt zwei Merkmale: die erwartete Wirkung in Euro und einen Härtegrad (Bild 5.5).

Der Härtegrad definiert die Planungsgenauigkeit und Verbindlichkeit der Effekte und des dazu notwendigen Aufwands. Neue im Workshop erarbeitete Ideen werden wir mit dem **Härtegrad 1** versehen. In diesem Stadium reicht eine grobe Schätzung der Wirkung, und der Aufwand kann noch gar nicht bemessen werden. Das brauchen wir beim Härtegrad 1 auch nicht, denn hier geht es in erster Linie darum, alle Ideen zu sammeln.

| Härtegrad | 1 | 2 | 3 | 4 | 5 |
|---|---|---|---|---|---|
| Wirkung | grob geschätzt | plausibel berechnet | genau berechnet | genau berechnet | im Ergebnis angekommen |
| Aufwand | unbekannt | abgeschätzt | konkreter Plan | aktuelles Ist | abgeschlossen |
| Charakter | Top-down-Ansätze, Brainstorming | Voruntersuchungen, Detaillierungen | Projekt definiert u. gestartet, Projektleiter benannt | Projekt ist abgeschlossen, Wirkung sichergestellt | Wirkung im Ergebnis angekommen |

**Bild 5.5** Definition der Härtegrade

Bei **Härtegrad 2** sind wir schon eine Stufe weiter. Die Wirkung muss plausibel berechnet werden. Circa-Werte reichen in diesem Stadium. Der Aufwand kann jetzt ebenfalls abgeschätzt werden. Wir nutzen grobe Werte und setzen sie ins Verhältnis zur Grundgesamtheit. Nehmen wir einen plausibel berechneten Effekt einer Maßnahme von 50.000 Euro. Bei einem Entwicklungsbudget von zwei Millionen Euro ist das eine beeindruckende Summe. Bei einer Lohnsumme von 100 Millionen Euro dagegen ist der Effekt gering.

Wir reden dabei von einer Plausibilisierung. In den nächsten Wochen müssen die Projektverantwortlichen die Maßnahmen in den nächsten **Härtegrad 3** überführen. Ab hier greift das klassische Projektmanagement mit genauen Berechnungen und dem gewohnten strukturierten Vorgehen. Nicht jede Idee schafft den Übergang in diesen Härtegrad. Zeigt sich in Härtegrad 2 oder 3, dass eine Maßnahme nicht den erhofften Effekt erzielen wird oder einen zu hohen Aufwand erfordert, dann wird sie eingestellt. Allerdings müssen dann neue Ideen generiert werden, die den gleichen Effekt in Euro erzielen.

Rechnen wir kurz ein konkretes Beispiel durch: Der Einkauf hat eine Idee, deren Effekt er grob mit einem möglichen Effekt von 500.000 Euro abschätzt. Dieser Wert wird mit dem Härtegrad 1 versehen. Jetzt beginnt der Einkauf mit einer plausiblen Berechnung des Effekts, die immer noch mit Ungenauigkeiten arbeitet, und schätzt den Aufwand ab – Härtegrad 2. Es ist immer noch möglich, dass die Maßnahme sowohl einen größeren als auch einen kleineren Beitrag bringt. In dieser Phase wird auch abgeschätzt, welcher Aufwand dazu notwendig ist.

Ab Härtegrad 3 wird eine Projektorganisation mit Terminplänen realisiert. Das Projektteam weiß, wie viele Lieferanten mit welchen Einkaufsvolumen eingeladen werden. Ebenfalls ist ein konkretes Maßnahmenziel formuliert, also welche Einsparungen in Euro erwartet werden. Der **Härtegrad 4** charakterisiert ein abgeschlossenes Projekt – in unserem Beispiel eine konkrete Einkaufsverhandlung mit Einigung mit dem Zulieferer. In diesem Fall kommt die Maßnahme erst später als Ergebnisverbesserung an, wenn konkrete Lieferungen des günstigeren Produktes erfolgen – das ist dann **Härtegrad 5**.

Im Projektverlauf steigen der Härtegrad und die Verbindlichkeit der Ziele kontinuierlich an (Bild 5.6). Das senkt die Schwelle für neue Ideen. Scheitert eine Idee, dann beschädigt das nicht den Initiator.

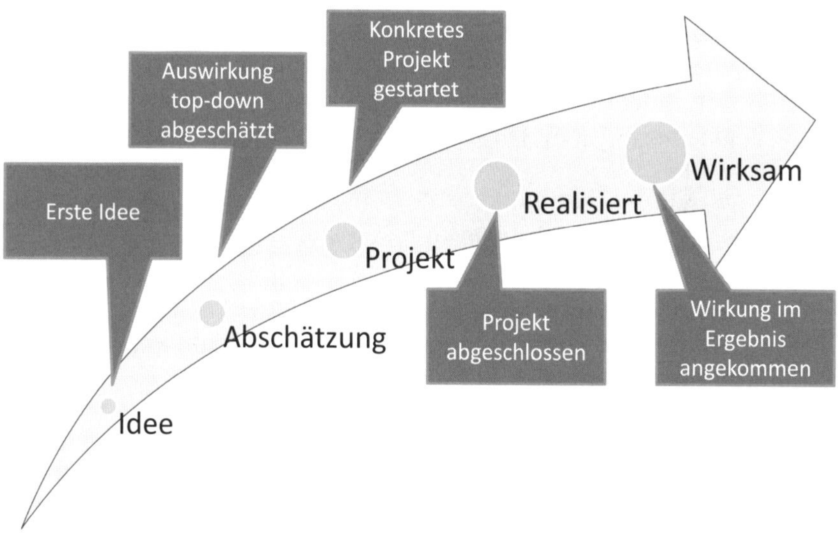


**Bild 5.6** Die Härtegradlogik hilft, zunächst sehr viele Ideen zu sammeln, die noch relativ unpräzise beschrieben sind, in definierten Schritten werden diese Ideen dann konkretisiert und in die Umsetzung geführt

Zusätzlich steigert die Härtegradlogik die Dynamik des Unternehmens: Während andere einen hohen Zeitaufwand in die Planung stecken, ernten Sie schon die ersten Effekte der Projekte. Die Härtegradlogik verschafft dem gesamten Führungsteam eine Vogelperspektive, aus der sie einen schnellen und realistischen Überblick über den Stand des Change-Prozesses erhalten.

Das Ziel fordert Ideennachschub.

Was aber passiert, wenn eine Maßnahme den Übergang in den nächsten Härtegrad nicht schafft? Der Initiator nimmt keinen Schaden, aber der entsprechende Funktionsbereich muss eine oder mehrere neue Ideen nachschieben, um die vorgegebene Wirkung zu erzielen.

Die Dynamische Lücke gibt den Umfang der zu erreichenden Maßnahmen vor. Die Summe ist meist höher als erwartet. In dem ersten Workshop nach dem Zugvogel-Prinzip werden genug Maßnahmen gesammelt, um die Dynamische Lücke zu schließen. Das ist wichtig, um die Handlungsbarriere zu durchbrechen. Das Ziel kann noch so anspruchsvoll sein, aber das Team muss sehen, dass es erreichbar ist.

Die Formel für die Handlungsbarriere macht den Schmerz des Unternehmens transparent, fühlbar und zerstört damit Illusionen. Der Zukunftsentwurf, so vage er am Anfang erscheint, hilft, die Angst zu überwinden. Mit den ersten Schritten brechen wir mit den alten Gewohnheiten. Damit ist die Handlungsbarriere durchbrochen und die schlummernde Kreativität im Unternehmen geweckt.

In diesem Stadium setzt der Zugvogel-Prozess auf die Werte Offenheit, Klartext reden, Radikalität und Kreativität. Damit wird das Team ermutigt, aus den gewohnten Denkbahnen auszubrechen und wirklich neue Ideen vorzuschlagen. Die Ideen müssen eben nicht, wie bei deutschen Banken, direkt zu Beginn detaillierte Zahlen zu Wirkung und Aufwand beinhalten. Vielmehr reichen zu Beginn grobe Schätzungen, die im weiteren Verlauf stufenweise genauer werden. Von nun an verschieben sich die Prozesswerte immer weiter in Richtung Disziplin und Nachhalten (Bild 5.7).

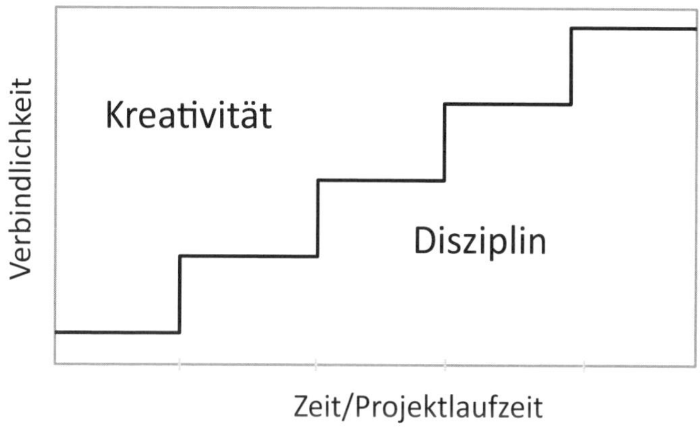


**Bild 5.7** Im Verlauf des Zugvogel-Prozesses ändert sich der dominante Wert, zu Beginn steht Kreativität im Zentrum, sie wird schrittweise von Disziplin abgelöst

## Literatur

Andersen, Tom (Hrsg.): *Das Reflektierende Team. Dialoge und Dialoge über die Dialoge.* Modernes Lernen 1996

Beckhard, Richard: *Organization Development. Strategies and Models.* Addison-Wesley 1969

Dannemiller, Kathleen D.; Jacobs, Robert W.: „Changing the way organizations change: A revolution of common sense". In: *The Journal of Applied Behavioral Science* 1992

Eckert, Roland: „Erfolgsfaktoren eines ganzheitlichen Controllings komplexer Veränderungsprogramme". In: *Controlling und Management,* September 2004, S. 345 - 349

Gloger, Boris: *Scrum. Produkte zuverlässig und schnell entwickeln.* 3. Auflage, Hanser 2011

Härtel, Dirk: *Consulting und Projektmanagement in Industrieunternehmen. Praxisleitfaden mit Fallstudien.* Oldenbourg 2009

Jacobs, Robert W.: *Real-Time Strategic Change. How to Involve an Entire Organization in Fast and Far-Reaching Change.* Berrett-Koehler 1994

Jankulik, Ernst; Kuhlang, Peter; Piff, Roland: *Projektmanagement und Prozessmessung*. Publicis Corporate Publishing 2005

Kuhnecke, Frank: „Wert und Mangel". http://www.nlp-in.de/fachartikel/wertund-mangel.pdf, abgerufen am 13. August 2013

Meyer, Jens-Uwe: *Das Edison-Prinzip. Der genial einfache Weg zu erfolgreichen Ideen.* Campus 2008

Wheatley, Margaret et al.: *Organization Development at Work: Conversations on the Values, Applications, and Future of OD.* John Wiley & Sons 2003

# 6 Die richtigen Probleme „richtig“ lösen

*Immer die richtige Flughöhe für den Schwarm – oder warum wir uns oft um die falschen Probleme kümmern*

## 6.1 Welche Probleme sind wirklich wichtig?

Zugvögel haben einen enormen Vorteil: Sie können die Flughöhe beliebig verändern. Sie steigen in große Höhen auf, um das große Bild zu bekommen. Sie können viele Kilometer vorausschauen, Hindernisse rechtzeitig sehen und wenn nötig Umwege fliegen, ohne sich zu verirren. Sie können aber auch knapp über den Boden fliegen, um zum Beispiel Nahrung zu suchen.

Wenn es darum geht, Veränderungsprozesse einzuleiten und durchzuführen, brauchen die Unternehmensleitung und das Projektteam ebenfalls beides: den Blick für das große Bild genauso wie die Fähigkeit, Einzelprobleme strukturiert zu lösen. Sie brauchen eigentlich einen Zoom – der stufenlos von Weitwinkel- auf Makroaufnahmen fokussiert.

In Jugendbüchern, die zur Zeit der Indianerkämpfe in Amerika spielen, werden unsere Helden oft belagert. Jeder, der sich aus der Deckung wagt, wird erschossen. Da hat der Held des Romans eine Idee: Wir bewegen uns alle gleichzeitig, dann wissen die Indianer nicht, auf wen sie zuerst schießen sollen. Alle springen auf, und in der Tat, die Indianer sind verwirrt. Unsere Siedler können einen erfolgreichen Gegenangriff führen und gewinnen den Kampf.

Dieser Trick funktioniert, auch wenn es in Veränderungsprozessen darum geht, komplexe Problemlagen zu lösen. Geht es um ein einzelnes Problem, lösen wir es leicht. Gerät das Unternehmen in schwieriges Fahrwasser und muss einen Veränderungsprozess durchlaufen, dann tauchen viele Probleme auf einmal auf. Wie die Indianer aus den Jugendbüchern sind wir erst einmal verwirrt und verfallen in Schockstarre. Worauf sollen wir zuerst schießen? Wir überlegen so lange, bis die Probleme uns treffen.

Zugvögel können im Vergleich zum Menschen eher selten schwierige Aufgaben bewältigen. Aber als Gemeinschaft haben sie eine Schwarmintelligenz, die es ihnen ermöglicht, komplexe Probleme zu lösen: Sie nutzen das Nahrungsangebot und die langen Tage in Nordeuropa für die Aufzucht der Brut im Sommer und entfliehen der Kälte und den wenigen Stunden Tageslicht im Winter. Dazu unternehmen sie Reisen über viele Tausend Kilometer und hohe Gebirgsketten.

Bei Menschen ist die Schwarmintelligenz weniger ausgeprägt. Je größer die Gruppe ist, desto mehr Gewicht gewinnen die Interessen von Teilgruppen. Man könnte es auch so formulieren: Menschen sind zwar intelligent, aber wenn Sie nicht aufpassen, verhalten sie sich als Gruppe nicht unbedingt so.

**DIE GRUPPENGRÖSSE ENTSCHEIDET ÜBER SCHWARMINTELLIGENZ**

Der amerikanische Wirtschaftswissenschaftler Mancur Olson jr., der eng mit dem Nobelpreisträger James M. Buchanan zusammenarbeitete, wies in seinen Forschungen nach, dass die Größe einer Gemeinschaft einen wichtigen Einfluss auf das Verhalten der einzelnen Mitglieder hat. Je größer die Gruppe ist, desto geringer erscheint den Einzelnen der Beitrag, den sie leisten können. Damit haben sie keinen Anreiz, überhaupt noch einen Beitrag zu leisten. Er nannte diesen Effekt „trivial contribution problem" und erklärt mit ihm beispielsweise niedrige Wahlbeteiligungen. Zudem sieht er darin auch eine von mehreren Ursachen für den Niedergang von Volkswirtschaften, wie sie Großbritannien in den 1970er-Jahren erlebte.

Dieser Effekt ist auch in Unternehmen zu beobachten: Je größer das Unternehmen ist, desto eher machen die Mitarbeiter „Dienst nach Vorschrift", ohne sich sonderlich zu engagieren. Anders als bei Zugvögeln entwickelt sich Schwarmintelligenz in diesen großen Organisationen eben nicht automatisch, sondern muss aktiv eingefordert und aktiviert werden. ■

Unternehmen, die ein Change-Management anstreben, haben in der Regel eine Vielzahl von Problemen, die sich wechselseitig beeinflussen. Es muss an vielen Stellschrauben gleichzeitig gedreht werden. Wenn eine Fußballmannschaft in der Tabelle immer weiter nach unten rutscht, dann reicht es nicht, einfach einen teuren Stürmer einzukaufen, wenn das Mittelfeld weiter Fehlpässe schlägt und die Abwehr dann doch bei jedem Konter wackelt. Siege werden von gut eingespielten Teams gewonnen. Bei Change-Prozessen ist es nicht sinnvoll, nur eine Abteilung oder einen Bereich zu optimieren.

Das Zugvogel-Prinzip ist nur dann eine sinnvolle Methodik, wenn sie auf komplette unternehmerische Einheiten angewandt wird, weil sie nahezu zwangsläufig zu bereichsübergreifenden Projekten führt. Sie braucht eine kritische Masse, um die Vorteile einer Schwarmbildung zu heben.

Change-Management ist nur in kompletten unternehmerischen Einheiten erfolgreich.

Warum ist das notwendig? Kehren wir kurz zum Fußball zurück. Jürgen Klopp, der aktuelle Trainer (2013) von Borussia Dortmund, war im ZDF einige Jahre Co-Kommentator von Länderspielen der deutschen Nationalmannschaft. Er analysierte Spielsituationen mithilfe moderner Computertechnik, malte wilde Pfeile und Kreise auf einem Display. Dabei zeigte er oft, dass bei Gegentoren nicht die Verteidiger die Schuld trugen, sondern ein Offensivspieler, der weit in der gegnerischen Hälfte den Ball verloren hatte. Sein Credo ist das sofortige Umschalten. Ist der Ball in eigenem Besitz, dann schalten alle Spieler auf Angriff, hat der Gegner den Ball, kümmern sich auch die Stürmer um die Verteidigung.

Es geht eben nicht mehr darum, dass Verteidiger nur die Verteidigerrolle ausführen und Stürmer nur auf die Bälle von hinten warten. Es geht vielmehr darum, dass das gesamte Team verteidigt und dass alle Mann den Sturm unterstützen.

## ■ 6.2 Die drei Zugvogel-Fragen

Das Führungsteam hat eine gemeinsame Aufgabe, nämlich die Dynamische Lücke zu schließen. Alle müssen beim Kostensenken mitmachen, alle das Wachstum unterstützen. Alle Hinderungsgründe müssen dazu aufgedeckt werden. Die Teilnehmer des Change-Management-Workshops sollten daher aufgefordert werden, alle Probleme des Unternehmens zu benennen. Diese Probleme können auf Karten geschrieben und auf einer Pinnwand gesammelt werden. Dabei kommt in der Regel das volle Menu auf den Tisch: Entwicklungsthemen, Prozesse, Schnittstellen und Führungsprobleme.

Danach können die angesprochenen Schwierigkeiten in eine Formation gebracht werden, die den weiteren Prozess leiten kann. Wenn es darum geht, eine Dynamische Lücke im Ergebnis zu schließen, bieten sich hierfür die drei in Bild 6.1 dargestellten zielführenden Problemfragen an.

Grundsätzlich adressiert das Zugvogel-Prinzip drei strategische Zielrichtungen: Kosten, Wachstum und Komplexität. Nur wenn wir uns um alle drei Themen kümmern, können wir nachhaltig die Leistung, die Performance eines Unternehmens steigern. Also sortieren wir die gesammelten Probleme nach den drei Zugvogel-Fragen: Was hindert uns daran, die Kosten zu senken? Eine zu hohe Varianz in der Produktion, zu hohe Projektaufwände, die der Kunde nicht zahlt, oder zu hohe Gemeinkosten? Sämtliche Ausgaben sollten auf den Prüfstand gestellt werden (Bild 6.2).

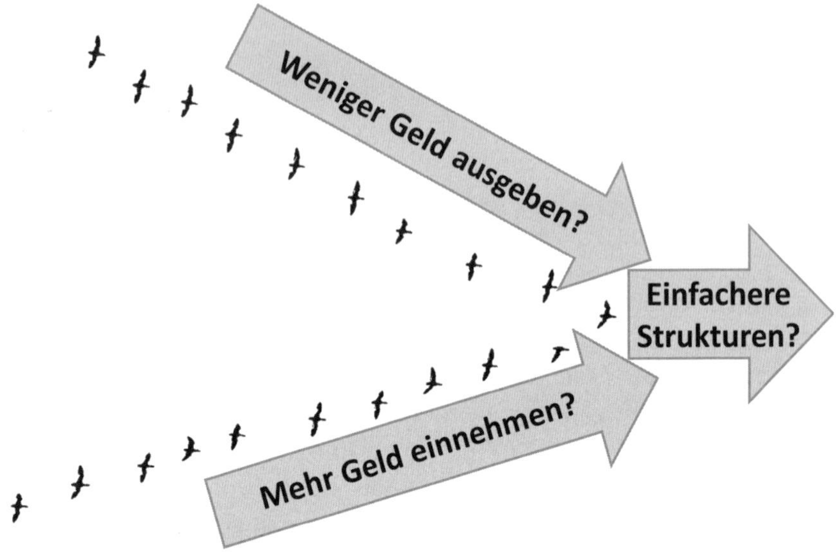


**Bild 6.1** Drei einfache Fragen führen zur Lösung des Problems, wie die Unternehmensleistung zu steigern ist

**Bild 6.2** Problemfrage „Senkung der Ausgaben“ mit einigen typischen Stoßrichtungen

In Amerika gilt die Weisheit: „You can't cost cut to prosperity." Du kannst dich nicht zu Reichtum sparen. Das Thema Wachstum muss immer betrachtet werden, und dabei muss nach Möglichkeiten gesucht werden, die Einnahmen zu steigern. Auf einer zweiten Achse können alle Probleme gesammelt werden, die das Unternehmen daran hindern, die Einnahmen zu erhöhen (Bild 6.3). Sind wir in wichtigen Wachstumsmärkten nicht präsent, haben wir kein komplettes Portfolio oder sind wir bei den potenziellen Kunden zu unbekannt? Schöpfen wir die Möglichkeiten aus, für unser Angebot optimale Preise zu bekommen?

Lee Iacocca, wir haben ihn beim Thema „Schätzen" schon zitiert, gilt als einer der Väter des Ford Mustang – seiner Meinung nach als „der" Vater. Dieses sportliche Coupé begründete damals ein neues Marktsegment. Der besondere Verdienst von Iacocca war die Preispolitik. Das Modell zielte auf junge Käufer. Er setzte den Preis für die Grundversion bewusst niedrig an, hatte aber vorher genau analysiert, für welche Zusatzausstattungen die Zielgruppe bereit war, Aufpreise zu

**Bild 6.3** Problemfrage „Steigerung der Einnahmen" mit einigen typischen Stoßrichtungen

zahlen: Musikanlage, Sonderlackierung, Breitreifen. Durch den niedrigen Preis für die Grundausstattung lockte er die potenziellen Käufer zu den Händlern. Einmal in den Händen eines geschickten Verkäufers – so ein Auto schreit nach den Rolling Stones – endeten die Schnäppchenjäger bei einer stolzen Summe, und der Mustang wurde zu dem Modell mit der höchsten Marge im gesamten Konzern.

Jetzt haben wir ein V mit zwei gleichwertigen Stoßrichtungen. Aber wir müssen noch eine dritte Frage stellen: Was macht unser Tun so teuer? Hier sprechen wir über Komplexität. Dabei kommen oft zu langsame Abläufe und eine zu feingliedrige Organisation mit zu komplexen Strukturen zur Sprache (Bild 6.4).

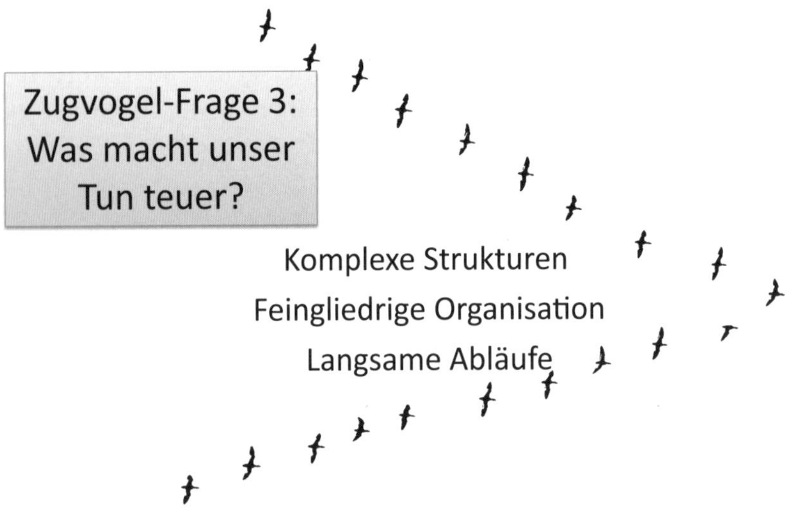


**Bild 6.4** Problemfrage nach den strukturellen Gründen für die „Kosten des Geschäftsbetriebes“ mit einigen typischen Stoßrichtungen

Alle Probleme lassen sich in diese drei Kategorien sinnvoll einordnen. Damit haben wir eine logische Grundstruktur, mit der weitergearbeitet werden kann. Sie adressiert alle Stellhebel für einen Veränderungsprozess und eine Leistungssteigerung des Unternehmens. Change-Management ersetzt nicht die Unternehmensstrategie! Change-Management ist ein operativer Prozess, der sich in einem gegebenen strategischen Rahmen bewegt.

## 6.3 Welche Probleme sind die wichtigsten?

Nachdem die Probleme nach den Problemfragen sortiert wurden, entbrennt in der Regel eine lebhafte Diskussion, welche Probleme die wichtigsten sind. Die Diskussion frisst sich dabei schnell an einigen wenigen Themen fest. Aber sind das wirklich die Probleme, die mit Priorität eins angegangen werden sollten?

---

Probleme nicht nur priorisieren, sondern Ursachen von den Wirkungen trennen.

---

Unsere Zugvögel spüren den Winter nahen. Nachts frieren sie bereits, durch die kürzeren Tage bleibt ihnen immer weniger Zeit für die Futtersuche. Sie ahnen, dass es im Süden besser sein wird, aber sie wissen auch, dass sie es allein nicht schaffen. Zum einen macht es keinen Sinn, als Einziger zu fliegen, dann werden es sehr einsame Monate. Zum anderen brauchen sie den Schutz einer Gemeinschaft. Nehmen wir an, unsere Zugvögel wären vernunftbegabt und setzten sich in einen Diskussionskreis. Die Lage ist kritisch, wir stehen vor einer Vielzahl von Problemen. Welches Problem gehen wir als erstes an?

Diese Situation ist Führungskräften nur zu bekannt. Führungskräfte lösen Probleme – je mehr, desto besser sind sie. Darauf sind sie stolz, und sie haben ihre Methoden dafür im Griff.

Trotzdem reicht die bislang vorgestellte Methodik zur Problemlösung noch nicht aus. Warum? Bei einer Vielzahl von Problemen müssen sie entscheiden, in welcher Reihenfolge sie Probleme angehen, und auf welche Problemlösungen sie Zeit und Ressourcen verwenden. Dafür gibt es verschiedene Ansätze: Sehr beliebt ist es, die niedrig hängenden Früchte zu ernten. Dafür spricht einiges: Schnelle Erfolge schaffen Gemeinschaft, der Prozess kommt in Gang. Aber in der Praxis sind diese schnellen Siege bereits in vorherigen Programmen mehrfach abgeerntet worden.

Das normale Vorgehen besteht in einer Priorisierung. Also, welches Problem kostet am meisten, welche Lösung hat die geringste Komplexität, welches Problem hat den größten Nervfaktor? Das sind transparente und logische Kriterien, die eine Reihenfolge vorgeben. Deshalb ist es ja auch das übliche Vorgehen. Diese Methode stößt dann an ihre Grenzen, wenn mehrere Probleme eng miteinander verwoben sind. Dann gilt es, Symptome und Ursachen zu erkennen.

Kehren wir dazu zu dem Gesprächskreis unserer Zugvögel zurück. Sie analysieren die Lage und definieren drei Probleme: Kälte, weniger Zeit für die Futtersuche, der Weg nach Süden ist für jeden Einzelnen allein zu gefährlich. Sie wissen, sie haben nur wenig Zeit, so wenig Zeit, dass sie nur eines der drei Probleme angehen können. Wonach sollen sie priorisieren?

Priorisierung kann in die Irre führen.

Es gibt verschiedene Vorschläge: Wir könnten Plätze in Großstädten finden, die uns vor der Kälte schützen. Der Aufwand ist überschaubar. Wir schicken Kundschafter aus, die entsprechende Schutzmöglichkeiten suchen. Wenig Aufwand, hoher Nutzen. Andere sehen das Nahrungsproblem als das Vordringlichste. Sie regen an, Vorräte anzulegen. Der Aufwand: Die anderen Zugvögel müssten geschult werden, dafür sinkt anschließend der Koordinationsaufwand, weil jeder selbst für sich verantwortlich ist. Wieder andere schlagen vor, alle Zugvögel in riesigen Schwärmen zu versammeln und anschließend in Formation 6.000 Kilometer nach Süden zu fliegen.

Kälte, Hunger, Angst vor der Reise? Die üblichen Priorisierungsstrategien würden entweder Kälte oder Hunger auf Platz eins setzen. Sie scheinen durchführbar. Sie bringen messbare Ergebnisse, nämlich die

Zahl der warmen Plätze oder die Menge der Vorräte. Vor allem gehen sie die beiden Probleme an, die akut belasten. Es ist jetzt schon kalt, und welches Projekt sollen die Zugvögel auf Priorität eins setzen?

Was unsere Zugvögel für die Entscheidungsfindung brauchen, ist keine Priorisierung, sondern ein Problemnetz, das Ursachen und Wirkungen trennt. Wie soll das funktionieren? Sie sind zwar vernunftbegabt, aber keine Raketenforscher. Das müssen sie auch nicht sein, sie müssen nur eine einfache Methodik einsetzen.

Nehmen Sie sich einen Stift und ein Stück Papier. Malen Sie drei Kreise und nennen Sie sie Kälte, Hunger, Angst. Dann stellen Sie sich bei jedem Kreis eine einfache Frage: Wenn ich dieses eine Problem löse, hilft es mir bei den anderen Problemen?

Gehen wir es einmal kurz durch: Wenn ich Schutz vor der Kälte finde, hilft das gegen Hunger?

Eher nicht.

Hilft es gegen die Angst?

Nein.

Nächstes Problem: Helfen mir Vorräte gegen die Kälte?

Nicht wirklich.

Gegen die Angst?

Nein.

Wenn wir die Angst überwinden und gemeinschaftlich losfliegen, hilft das gegen die Kälte?

Ja!

Zeichnen Sie einen Pfeil von Angst zu Kälte. Hilft es gegen den Hunger?

Auch hier ein Ja.

Zeichnen Sie einen Pfeil zu Hunger.

Jetzt haben Sie mit einem simplen, aber effektiven Verfahren die Ursachen identifiziert, die die anderen Probleme beeinflussen (Bild 6.5). In der Beratersprache heißen sie „Root Causes".

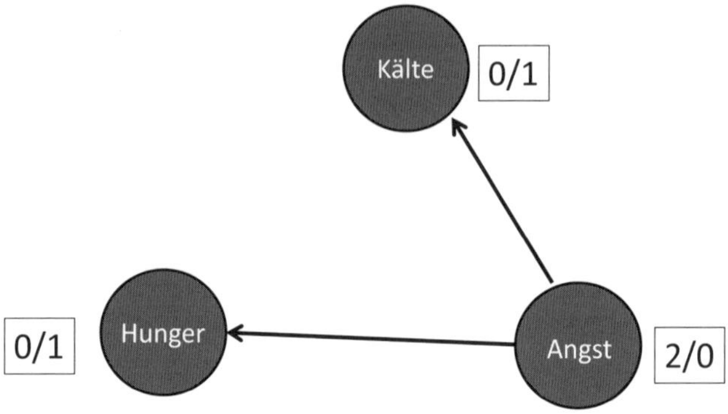


**Bild 6.5** Einfaches Beispiel eines Problemnetzes zur Unterscheidung von Problemen mit starker Wirkung von solchen, die von anderen beeinflusst werden

Na gut, das Beispiel mit vernunftbegabten Vögeln ist konstruiert und zu einfach. Wie soll das denn in einem Unternehmen funktionieren? Vorab eine Beobachtung: Wenn Sie als Außenstehender eine Diskussion über die drängendsten Probleme eines Unternehmens moderieren, dann gibt es unweigerlich ein oder zwei Themen, die zeitlich und inhaltlich den Löwenanteil beanspruchen. Sie haben den höchsten Nervfaktor, sie sind scheinbar die Ursache allen Übels. Da sind wahlweise die IT, rigide Regeln, umständliche interne Abläufe, überforderte und schlecht ausgebildete Mitarbeiter oder die schlechte Stimmung im Unternehmen …

Das Problemnetz zeigt die Quellprobleme.

Jetzt nehmen wir wieder ein Blatt Papier und malen fünf Kreise auf. Wir gehen jeden einzelnen Punkt durch und fragen uns, ob er die anderen Probleme beeinflusst. Danach werten wir die Pfeile aus und bilden dazu Zahlenpaare. Die Zahl an erster Stelle addiert die Wirkungen auf die anderen Probleme. Ist die Zahl Null, dann wirkt es sich überhaupt nicht auf die anderen Schwierigkeiten aus. Je höher die erste Zahl, desto mehr andere Probleme beeinflusst es. Bei vier von vier möglichen haben wir eine eindeutige Ursache, die auf alle anderen wirkt.

Die zweite Stelle zeigt, von wie vielen anderen Problemen dieser Punkt beeinflusst wird. Eine Null zeigt entweder ein reines Quellproblem an oder ein Problem, das in keinem Zusammenhang mit den anderen steht. Eine hohe zweite Zahl ist ein Beleg dafür, dass es sich bei diesem Problem um ein Symptom handelt, auf das wir keine Energie verschwenden sollten.

Gehen wir die Methodik an einer konkreten Situation aus dem unternehmerischen Umfeld durch: Die Personalabteilung hatte Schwierigkeiten, gut ausgebildete Fachkräfte zu finden, weil das Gehaltsgefüge im Vergleich zu niedrig war. Der Einkauf konnte die Einkaufspreise nicht senken, weil die Stückzahlen zu gering waren. Der Service berichtete von hohen Qualitätskosten durch lange Diagnosezeiten. Die Produktion beschwerte sich darüber, dass der Vertrieb jedem Kundenwunsch nachgibt und immer neue Varianten mit der Stückzahl eins verkauft. Die Konstruktion suchte händeringend Verstärkung und musste die nicht besetzten Stellen mit teuren, externen Dienstleistern auffüllen.

Diese Gemengelage ist nicht ungewöhnlich, und das entsprechende Team begann sofort, Lösungen zu sammeln, um danach zu priorisieren. Der Personalleiter wagte sich mit einem ungewöhnlichen Vorschlag aus der Deckung und schlug eine Lockerung der Dienstwagenregelung für neue Fachkräfte vor. Das war ein Stich ins Wespennest und die Diskussion drehte sich zu 80 Prozent um die neue Dienstwagenregelung.

Wir haben nach einer Weile die Diskussion abgebrochen und sind dann mit der Gruppe die Ursachen-Wirkungs-Kette durchgegangen:

Was bewirkt denn die Lockerung der Dienstwagenregelung für den Einkauf?

Nichts.

Für die Produktion?

Nichts.

Für den Service?

Nichts.

Aber für die Konstruktion ist eine Besserung denkbar. Also eine Eins für Wirkung.

Aber wenn die Konstruktion stärker besetzt ist, dann lösen sich doch die anderen Probleme, oder? Nun ja, auf den Einkauf hat das keine Auswirkungen, ebenso wenig auf die Fertigung. Auf den Service ist eine Auswirkung eventuell möglich, weil die zusätzlichen Konstrukteure vielleicht zusätzliche Diagnosehilfen entwickeln. Unterm Strich beeinflusst auch das nur ein weiteres Problem.

Der Überraschungssieger war die Stückzahl eins. Größere Stückzahlen stärken die Verhandlungsposition des Einkaufs. Eine Standardisierung hilft dem Service, Fehlerquellen schneller zu diagnostizieren. Eine geringere Varianz reduziert auch die Komplexität in der Konstruktion und damit mittelbar auch das Dienstwagenproblem (Bild 6.6).

Die eigentliche Ursache, die auf alle anderen Probleme ausstrahlt, wurde zu Beginn der Diskussion zwar benannt, ging aber im Verlauf völlig unter. Das ist nicht ungewöhnlich, und wir haben diesen Effekt schon häufig erlebt. Die Root Causes werden zwar genannt, aber gar nicht als so wichtig empfunden, weil andere Probleme subjektiv als wichtiger eingeschätzt werden. Symptome überstrahlen die wahren Ursachen.

Auch diese Methodik ist dann besonders wirksam, wenn sie gemeinsam in der Gruppe erarbeitet wird. Sie schafft ein gemeinsames Problemverständnis und schärft den Blick dafür, welche Probleme Symp-

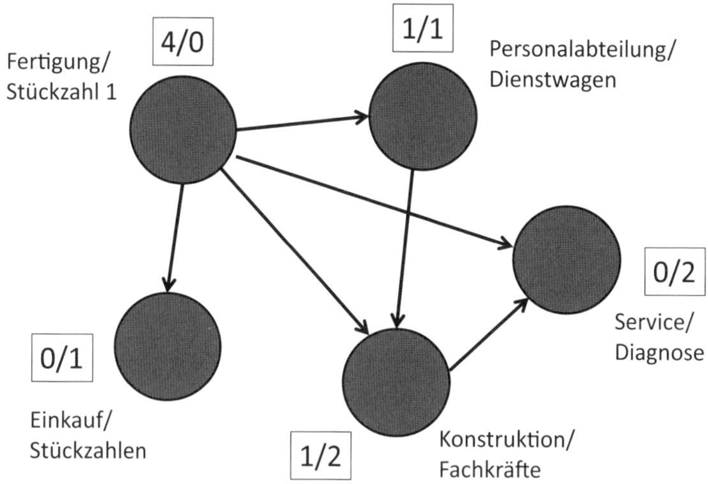


**Bild 6.6** Das Problemnetz identifiziert auch bei komplexen Problemzusammenhängen zuverlässig Symptom- und Quellprobleme

tome sind und welche als Ursache auf weitere Probleme ausstrahlen. Damit haben wir die Probleme identifiziert, die wir jetzt als Erstes angehen sollten.

## ■ 6.4 Von Problemen und Aufgaben

Wir haben alle Probleme in unsere Zugvogel-Fragen einsortiert. Bei ineinander verwobenen Problemen haben wir Ursachen und Symptome sauber voneinander getrennt. Jetzt geht es also darum, die Probleme zu lösen. Was aber genau ist ein Problem? Schalten wir von der Vogelperspektive, der Weitwinkeleinstellung, in die Nahaufnahme.

Was ist ein Problem? Erste Voraussetzung ist ein unbefriedigender Ist-Zustand. Die einfachste Möglichkeit, darauf zu reagieren, ist es, zu jammern. Immer wieder beklagen Menschen Zustände und jammern darüber, aber ändern sie nicht, sondern genießen es geradezu, sich immerfort darüber zu beklagen. Das Wetter ist so ein Fall. Es ist immer zu kalt, zu regnerisch oder zu heiß. Es gibt auch keinen Zielzustand, das Wetter ist eben immer unangenehm. Es geht auch konkreter: In Unternehmen wird immer über die Bürokratie gejammert oder über die Vorgesetzten, die keine Ahnung davon haben, wie es beim Kunden richtig zugeht. Ein unbefriedigender Zustand allein ist kein Problem, er ist eine Frage der Einstellung.

Fügen wir eine zweite Voraussetzung hinzu, einen definierten, besseren Soll-Zustand. Jetzt haben wir ein Problem, oder? Nein, denn wenn es keine objektive Barriere gibt, dann stehen wir hier lediglich vor einer Aufgabe. Darauf sollten wir noch ein paar Gedanken verschwenden. Denn nur zu oft werden Aufgaben zu Problemen erklärt, obwohl es keine objektive Barriere gibt. Es mag subjektive Barrieren geben, die Aufgabe ist unangenehm, sie erfordert Zeit, sie ist langweilig, wir müssen Leuten wehtun, die wir mögen oder denen wir verpflichtet sind. Der natürliche Reflex ist, eine objektive Barriere zu konstruieren, die diese unangenehme Aufgabe zum Problem macht - damit haben wir eine Schubvernichtung.

Im Beruf erleben wir immer wieder, dass Aufgaben zu Problemen erklärt werden. Ein Geschäftsprozess läuft nicht rund? Welche Barriere hindert den Verantwortlichen daran, ihn so zu ändern, dass er rund läuft? Keine Zeit? Zu komplex? Wo ist die objektive Hürde? Solange diese Hürde nicht besteht, ist es kein Problem, sondern nur eine Aufgabe, die erledigt werden muss.

Wir brauchen also neben dem unbefriedigenden Ist-Zustand und dem besseren Soll-Zustand noch einen dritten Faktor: eine Barriere (Bild 6.7). Der Geschäftsprozess läuft nicht rund, weil Daten mehrfach händisch in verschiedene IT-Systeme eingegeben werden müssen? Das ist eine Barriere, die überwunden werden muss.

Es ist eine der schwierigsten Führungsaufgaben, Probleme von Aufgaben zu unterscheiden. Je komplexer eine Organisation ist, desto einfacher ist es, Aufgaben zu Problemen zu machen. Dabei kommt es meist nur darauf an, die erste Hürde zu überwinden, nämlich den direkten Vorgesetzten zu überzeugen. Danach entwickelt es eine Eigendynamik, weil schon die übernächste Hierarchieebene zu weit weg vom Thema ist, um den Unterschied zu erkennen.

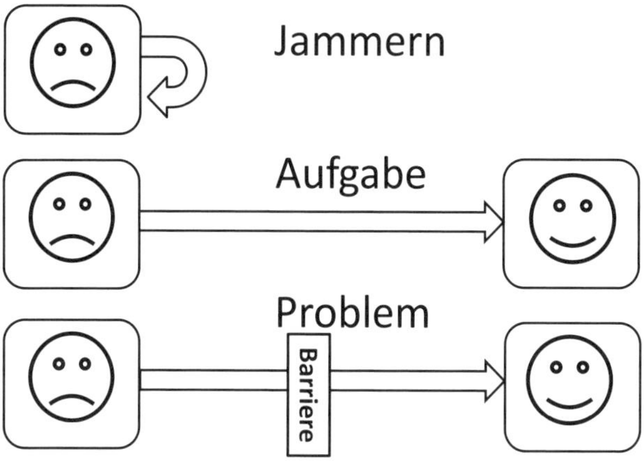


**Bild 6.7** Abgrenzung von Problem und Aufgabe aus dem Übergang von einem ungünstigen Ausgangszustand in den erwünschten positiven Zielzustand, wer nur das Problem sieht, verbleibt im Zustand des Jammerns

## 6.5 Problemlösen als Handwerk

Probleme nachhaltig zu lösen ist wie das Balzritual von Zugvögeln: Es gibt eine genau definierte Abfolge von Aktionen, die eingehalten werden müssen. Der Problemzyklus besteht aus acht Schritten (Bild 6.8).

Schritt eins ist es, das Problem zu erkennen. Wir haben die drei Faktoren bereits durchdekliniert und wissen jetzt, die Aufgaben von Problemen zu trennen. Danach gilt es, das Problem zu benennen und genau zu definieren. Die Problemanalyse muss die Barriere eindeutig aufzeigen. Dann beginnt die Suche nach Lösungsalternativen. Erst danach fällt die Entscheidung, welche Lösung die am besten geeignete ist. Anschließend muss die Planung der notwendigen Aktionen beginnen und abgesichert werden. Im achten Schritt wird der Erfolg kontrolliert. Ist das Problem dann noch nicht gelöst, beginnt der Zyklus von Neuem.

Es ist wichtig, alle Schritte in der vorgesehenen Reihenfolge auszuführen. Stellen Sie sich eine alte Tür vor, die Sie neu lackieren wollen. Als mäßig geübter Heimwerker schleifen Sie die Oberfläche ein wenig

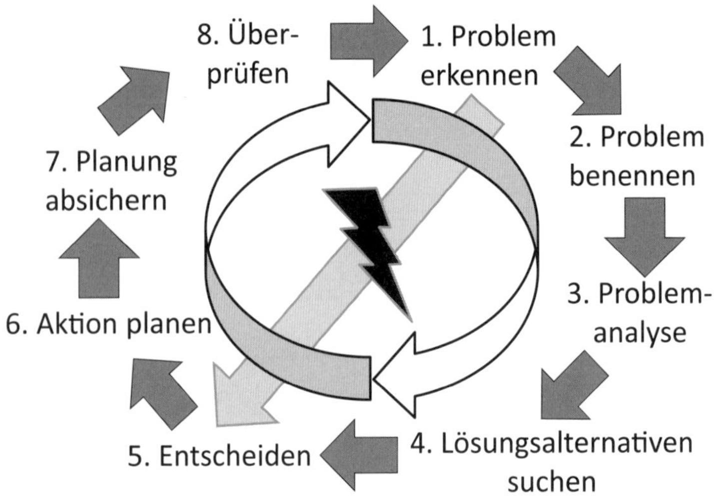


**Bild 6.8** Zyklus, der zum wirkungsvollen Lösen von Problemen zwingend zu durchlaufen ist, Abkürzungen bremsen den Problemlösungsprozess und verhindern effiziente Lösungen

an und tragen den Lack auf. Das Ergebnis sieht oft gar nicht so schlecht aus – allerdings nicht lange, denn schnell blättert der neue Lack an einigen Stellen wieder ab. Ein zurate gezogener professioneller Maler lächelt dann milde: Erst den alten Lack komplett entfernen, dann anschleifen, grundieren, lackieren und zum Schluss einen Schutzlack auftragen. Das ist der richtige Aufbau, und nur er bringt dauerhafte Ergebnisse.

Das ist beim Lösen von Problemen ähnlich: Nur wenn alle Schritte des Zyklus eingehalten werden, kommen reproduzierbare Ergebnisse heraus. Dieser Problemlösungszyklus ist reines Handwerk, das eingeübt werden muss. Wir erleben immer wieder, dass gerade zu Beginn des Change-Prozesses die Teammitglieder diese Methodik nicht anwenden. Sie springen von der Problembenennung direkt in die Entscheidung und übergehen dabei die Analyse und die Suche nach Lösungsalternativen. Die Ergebnisse sind entweder handwerklich schlechte Lösungen oder endlose Diskussionen. Diesen zweiten Effekt haben wir Reihenmotor getauft, weil zyklisch immer wieder die gleichen Probleme hochkommen, um dann kurz vor der Lösung wieder nach unten abzutauchen.

**SCHUBVERNICHTER REIHENMOTOR**

Eingespielte Teams haben häufig gut funktionierende Rituale, auch Rituale, mit denen sie Diskussionen im Sande verlaufen lassen und ergebnislos beenden können. Ein oft anzutreffendes Muster haben wir mit Reihenmotor bezeichnet: Ein Problem wird von einem Gruppenteilnehmer andiskutiert. Der nächste kommentiert das Problem kurz, um dann aber ein anderes Problem in die Runde zu werfen: „... aber eigentlich besteht die wahre Problematik ja darin, dass ...“, und schwups, das erste Problem ist nicht zu einer Lösung geführt worden, sondern wurde unerledigt von einem neuen Problem abgelöst. Aber auch dieses wird keiner Lösung zugeführt, denn kunstvoll führt der nächste Gesprächsteilnehmer ein drittes Problem ein. Dies kann dann beliebig weitergehen. Und das ist dann der Reihenmotor: Es zündet ein Zylinder nach dem anderen, und wenn sie alle durch sind, beginnt der Zyklus von vorne. ■

Der Schubvernichter Reihenmotor lässt sich durch Disziplin und ein stures Anwenden des Problemlösungszyklus aushebeln. Dabei helfen einfache Hilfsmittel wie das Ausfüllen des Vierquadrantenblatts in der eingezeichneten Reihenfolge (Bild 6.9).

Sie merken, das Handwerkliche gewinnt an Bedeutung, und die Kreativität tritt jetzt eher in den Hintergrund. Wir haben einen Maßnahmensog erzeugt, mit dem wir die Dynamische Lücke schließen. Wir haben die Quellprobleme identifiziert und Methoden eingeführt, mit denen wir sie systematisch lösen. Jetzt geht es um die Umsetzung.

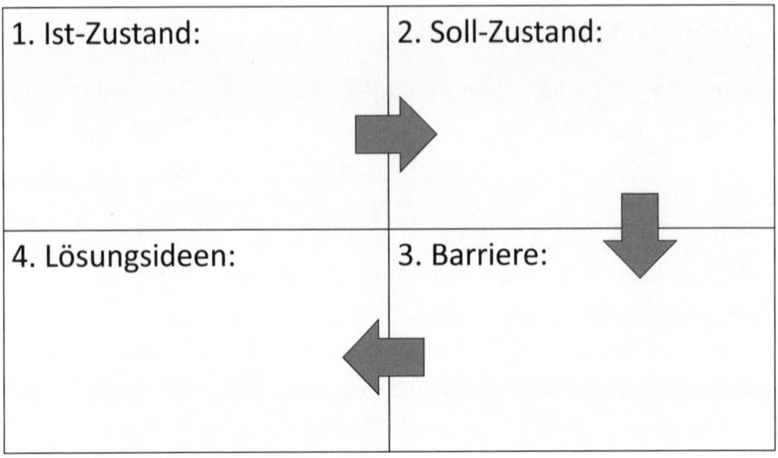


**Bild 6.9** Das Vierquadrantenblatt ist ein einfaches, aber effektives Hilfsmittel, um den Problemlösungszyklus einzuhalten

## 6.6 „Gute" und „schlechte" Problemlöser

Reichen unsere Methoden, um aus einem Team, das die vorhandenen Probleme bis jetzt nicht in den Griff bekommen hat, effiziente Problemlöser zu machen? Es gibt wichtige Forschungsergebnisse, die dafür sprechen. Sie stammen von Dietrich Dörner, der sich mit Problemlösungs- und Entscheidungsstrukturen beschäftigt, ebenso wie mit künstlicher Intelligenz. Bereits in den 1970er-Jahren hat er entscheidende Erkenntnisse über „gute" und „schlechte" Problemlöser veröffentlicht.

**DAS LOHHAUSEN-EXPERIMENT**

Wie wir Probleme lösen, wurde zunächst an Denksportaufgaben erforscht. Aber der Alltag beispielsweise einer Führungskraft oder eines Politikers besteht nicht aus dem Lösen einzelner Probleme, sondern im Lösen von Problemen, die miteinander vernetzt sind.

In den Jahren 1975 bis 1978 führte Professor Dr. Dietrich Dörner eines der aufwendigsten Experimente im Bereich der Denkforschung durch und erstellte eine für die damalige Zeit äußerst komplexe Simulation. Rund 50 Personen handelten zehn Simulationsjahre lang in der erfundenen Kleinstadt Lohhausen als Bürgermeister.

Das Datenmodell bestand aus circa 2.000 Variablen, wie zum Beispiel Bildungsstand, Zustand der Straßen oder Zufriedenheit mit den öffentlichen Anlagen. In acht Sitzungen hatte jede Versuchsperson je zwei Stunden Zeit, sich Maßnahmen zu überlegen und Entscheidung zu treffen. Es waren mehr als eine Million Eingriffe möglich.

Damit war dieses Experiment der Vorläufer moderner Simulationsspiele. Es kam naturgemäß zu sehr unterschiedlichen Ergebnissen. ■

Dörner verglich den Erfolg oder Nicht-Erfolg, den jeder bei der Simulation der Stadtentwicklung erzielte, mit den Ergebnissen von Intelligenz- und Kreativitätstests. Erste Überraschung: Es gab keinen Zusammenhang zwischen Intelligenz und Kreativität auf der einen Seite und den Problemlöserfähigkeiten auf der anderen Seite.

Vielmehr fand Dörner heraus, dass die entscheidenden Eigenschaften Selbstvertrauen und Selbstreflexion sind. Die „schlechten“ Problemlöser verzettelten sich zu Beginn der Simulation und identifizierten nicht die wichtigsten Probleme, die es zu entscheiden gab. Sie trafen früh Fehlentscheidungen und ließen sich davon verunsichern. Danach trafen sie im Vergleich zu den „guten“ Problemlösern deutlich weniger Entscheidungen. Vor allem fragten sie weniger bei den Übungsleitern nach, ein Angebot, das ausdrücklich bestand.

Die „guten“ Problemlöser identifizierten zu Beginn der Simulation die entscheidenden Probleme und konzentrierten sich auf sie. Die ersten

Erfolge erzeugten ein Selbstvertrauen, aus dem heraus die Testpersonen in den nächsten Runden viele parallele Entscheidungen trafen. Sie fragten wesentlich intensiver bei den Übungsleitern nach. Die Gesprächsprotokolle zeigten, dass sie versuchten, sich ein „inneres Abbild“ des Systems in ihrem Gedächtnis aufzubauen und es laufend zu überprüfen. Darüber hinaus gingen sie sachlicher und konsequenter vor.

Die Methoden des Zugvogel-Prinzips bauen auf diesen Erkenntnissen auf. Sie schieben die Teammitglieder in die Verhaltensmodelle der „guten“ Problemlöser des Lohhausen-Experiments:

- *Wichtige Probleme zuerst erkennen:* Die Methode der Dynamischen Lücke fokussiert das Team auf das zentrale Thema.
- *Erfolge zu Anfang bauen Selbstvertrauen auf:* Die ersten Schritte direkt im Workshop und die Härtegradlogik vermitteln das Gefühl, bereits zu Anfang wichtige Probleme richtig gelöst zu haben.
- *Paralleles Lösen mehrerer Probleme:* Durch den im Workshop erarbeiteten Maßnahmenkatalog zum Schließen der Dynamischen Lücke kommen die Teilnehmer automatisch in die Situation, Entscheidungen parallel zu treffen.
- *Ein inneres Abbild des Systems erzeugen:* Die drei Problemfragen zum Schließen der Dynamischen Lücke erleichtern es, sich alle Stellhebel für den Veränderungsprozess vor Augen zu führen.
- *Sachliches und konsequentes Vorgehen:* Im Kapitel Disziplin werden wir aufzeigen, dass ein einfaches Berichtswesen und stark reduzierte Präsentationsformate ein sachliches und konsequentes Vorgehen fördern und fordern.

**„NEIN, NICHT VERSUCHEN. TUE ES, ODER TUE ES NICHT.“**

Fast jeder hat die *Star Wars*-Filme mehrfach gesehen und kennt die Helden. Es gibt da diese Szene im zweiten Teil, *Das Imperium schlägt zurück*, in der Luke Skywalker von Meister Yoda auf einem Dschungelplaneten zum Jedi-Ritter ausgebildet wird. In einer Szene will er seinen Raumjäger, der im Sumpf versunken ist, mithilfe der Macht an Land heben. Er sagt zu Yoda, dass er es versuchen wolle. Darauf entgegnet Meister Yoda: „Nein, nicht versuchen. Tue es, oder tue es nicht, es gib kein Versuchen.“ Das gilt uneingeschränkt für den Einsatz unserer Methoden zum Lösen von Problemen: Wenden Sie sie an, oder wenden Sie sie nicht an – es gibt kein Versuchen. ■

Genau davon handelt das nächste Kapitel, von der Disziplin und dem Willen, die notwendigen Veränderungsprozesse im Unternehmen auch wirklich umzusetzen.

## Literatur

Dörner, Dietrich: *Die Logik des Misslingens. Strategisches Denken in komplexen Situationen.* Rowohlt 2003

Dörner, Dietrich et al.: *Lohhausen. Vom Umgang mit Unbestimmtheit und Komplexität.* Hans Huber 1983

Klebert, Karin; Schrader, Einhard; Straub, Walter: *Moderations-Methode. Gestaltung der Meinungs- und Willensbildung in Gruppen, die miteinander lernen, leben, arbeiten und spielen.* Windmühle 1991

Olson, Mancur: *Aufstieg und Niedergang von Nationen. Ökonomisches Wachstum, Stagflation und soziale Starrheit.* Mohr Siebeck 1985

Olson, Mancur: *Die Logik des kollektiven Handelns. Kollektivgüter und die Theorie der Gruppen.* Mohr Siebeck 2004

# 7 Disziplin einfordern

*Die Formation auf langer Strecke halten –*
*oder wie die Disziplin zurückkehrt*

## 7.1 Gemeinsame Zielsetzung konservieren

Es ist ein majestätisches Schauspiel, wenn Graugänse in V-Formation über den Himmel ziehen. Auf den ersten Blick herrscht eine nahezu militärische Disziplin. Alle folgen dem Leittier, jeder einzelne Vogel orientiert sich an der Spitze. Neuere Beobachtungen vom Physiker und Vogelforscher Andrea Cavagna aus Rom in einem EU-Forschungsprojekt zeigen ein anderes Bild.

Richtungsänderungen des Schwarms gehen nicht immer von den Leittieren aus. Vielmehr kann sie jeder einzelne Zugvogel anstoßen. Vielleicht hat er eine Nahrungsquelle entdeckt, einen Aufwind oder einen Raubvogel. Da sich jeder Zugvogel immer an den sieben Artgenossen orientiert, die ihm am nächsten sind, verändert die Richtungsänderung eines einzelnen Zugvogels in einer Kettenreaktion die gesamte Ordnung. Der gesamte Schwarm folgt nicht dem Kommando des Leittieres, sondern organisiert sich dezentral um.

Trotz dieser vielen kleinen Richtungsänderungen, wir reden dabei über wenige Hundert Meter auf einer Gesamtstrecke von mehreren Tausend Kilometern, bleibt der Schwarm grundsätzlich auf Kurs und steuert konsequent das Ziel an. Zugvögel verbinden auf eine faszinierende Weise Flexibilität im Kleinen mit hoher Disziplin für das Erreichen des gemeinsamen Ziels. Daraus können wir eine Menge für Change-Prozesse lernen. Auf der einen Seite brauchen wir selbstorganisierende Teams, die flexibel Aufgaben lösen. Auf der anderen Seite ist die Disziplin auf der langen Strecke eine Grundvoraussetzung für den Erfolg.

Bei Menschen funktionieren die Mechanismen der Zugvögel nicht automatisch. Ja, wir lassen uns von Begeisterung anstecken. Bei großen Sportereignissen oder Konzerten gehen wir in der Masse auf und genießen das Gemeinschaftserlebnis. Aber nach der Veranstaltung sind wir sehr schnell wieder Individuen, die eigenen Interessen folgen.

In Unternehmen können Change-Projekte nach dem Zugvogel-Prinzip eine kollektive Aufbruchsstimmung hervorrufen. Zu Beginn des Change-Management-Workshops wird viel Energie darin investiert, ein gemeinsames Ziel zu definieren, hinter dem alle stehen. Das Team überwindet die Handlungsbarriere gemeinsam und geht die ersten Schritte.

Das Team hat jetzt das Momentum, es ist hoch motiviert, und es will Veränderungen. Aber nun droht die gleiche Gefahr wie im Stadion oder im Konzertsaal: Ist der Workshop zu Ende, dann kann das gemeinschaftliche Erlebnis eben schnell verfliegen, und die Teilnehmer verfallen wieder in die gewohnten Routinen des Alltags.

Jetzt geht es darum, mit einfachen Regeln und Ritualen den Change-Prozess in den Alltag zu übertragen. Es geht darum, die Vorteile selbstorganisierender Teams auf der einen Seite mit einer hohen Disziplin für das große Ziel auf der anderen Seite zu verbinden.

## 7.2 Was bedeutet Disziplin?

Was genau ist Disziplin? Die Antwort ist nicht einfach, denn es gibt mehrere Arten von Disziplin. Zum einen gibt es die Form, die auf Befehl und Gehorsam beruht. Die bekannteste Ausprägung ist die beim Militär. Die aus vergangenen Jahrhunderten stammende absolute Disziplin funktioniert aber selbst dort nicht mehr, weil die Soldaten zunehmend komplexere Technologien bedienen und eigenständige Entscheidungen treffen müssen.

Die zweite Form ist die Selbstdisziplin, die bewusste Selbstregulierung. Wir gehen auch ohne Zeiterfassung früh ins Büro und erledigen unsere Aufgaben gewissenhaft. Selbstdisziplin ist ein früh gelerntes Verhalten und eine Grundvoraussetzung für Führungskräfte. Es ist also sozusagen das Durchhalten einer Entscheidung auch ohne äußere Kontrolle.

Die dritte Form ist die Disziplinierung durch Gruppendruck. Wir orientieren uns in unserem Handeln an unserem Umfeld und passen uns an. Wenn alle Nachbarn in der Straße ihre Vorgärten schmuck herrichten, werden wir kaum unser Ideal einer Wildwiese verwirklichen. Wenn alle anderen Führungskräfte im Unternehmen pünktlich zu Meetings erscheinen, dann werden wir das auch tun.

Um Veränderungsprozesse in den Alltag zu übertragen, brauchen wir ein Stück weit alle drei Formen: Die Unternehmensleitung muss führen, sie muss auf die Einhaltung von Regeln achten, Entscheidungen treffen und nachverfolgen. Wir brauchen die Selbstdisziplin der Führungskräfte, die aus Einsicht das gemeinsame Ziel verfolgen. Und wir brauchen den Gruppendruck, um gemeinsame Werte und Maßstäbe durchzusetzen und mit Leben zu füllen.

Die Unternehmensleitung muss führen.

Disziplin ist immer eine Führungsaufgabe. In der Praxis sind aber viele Führungskräfte nicht in der Lage oder willens, Disziplin konsequent einzufordern und zu fördern. „Meine Mitarbeiter sind erwachsen, da muss ich nicht andauernd kontrollieren." Dieser Satz zeugt von großem Vertrauen, in die eigene Menschenkenntnis und in die Mitarbeiter. Er kann aber auch darauf hindeuten, dass die Führungskraft die Konflikte scheut, die sich mit der Durchsetzung von Disziplin zwangsläufig ergeben.

Change-Prozesse lassen sich nicht befehlen. Wer das versucht, wird scheitern. Aber dennoch muss die Unternehmensleitung Disziplin durchsetzen und Ausweichmanöver wie das Fünf-V-Modell, den Reihenmotor oder die ewig neu startende Zieldiskussion unterbinden. Mit Disziplin ist also nicht nur die Disziplin gemeint, eine Aufgabe wirklich zu Ende zu bringen, sondern auch Diskussionsdisziplin.

Kaum eine Führungskraft verweigert bewusst eine Entscheidung, aber es ist leicht, sich von weiteren Problemen von der Entscheidung ablenken zu lassen. Sind solche Ausweichmanöver aber im Unternehmen schon lange etabliert, dann werden sie nicht durch einen einzelnen Workshop und das Zugvogel-Prinzip einfach verschwinden. Vielmehr gilt es, die Disziplin auf allen Ebenen zu stärken und durch regelmäßige Achtsamkeit zu einer neuen Routine zu machen.

Eine entscheidende Dimension von Disziplin ist Standardisierung. Wir brauchen für einen erfolgreichen Change-Prozess nach dem Zugvogel-Prinzip gemeinsame Messgrößen und Berichtsformate - sprich Standards. Diese Standards müssen aussagekräftig und einfach sein. Vor allem sind sie absolut verbindlich, und Abweichungen dürfen nicht toleriert werden.

Disziplinlosigkeit in Unternehmen äußert sich nicht in Verweigerung, sondern im Aufweichen, im Neudefinieren getroffener Entscheidungen. In anderen Unternehmen hat sich die Gewohnheit verbreitet, Scheinergebnisse in Form aufwendiger Präsentationen anstelle klar definierter Ergebnisse zu liefern.

Manchmal geht es noch viel banaler zu. Bereichsleiter nutzen gerne ihren kurzen Draht zu einem Geschäftsführer, um abseits der offiziellen Regeln schnell ein Problem anzusprechen und eine schnelle Entscheidung einzufordern. Betrifft diese geforderte Entscheidung gemeinsam vom Team vereinbarte Maßnahmen oder hat sie Einfluss auf andere Maßnahmen und Bereiche, darf sich die Unternehmensleitung auf keinen Fall auf solche Nebenabsprachen einlassen.

Denn das hat eine verheerende Wirkung auf die motivierten und engagierten Führungskräfte und Mitarbeiter. Diese sehen, dass Nebenwege viel weniger Aufwand bedeuten und zur selben Anerkennung führen wie harte Arbeit und Regelkonformität. Sie stellen sich die Frage: Warum mache ich das nicht auch so? Dann greift eine Grundregel menschlichen Verhaltens, die von vielen Führungskräften unterschätzt wird: Was einmal funktioniert, passiert wieder. Sie erinnern sich an das Kind, das einmal Mutter und Vater für Süßigkeiten gegeneinander ausgespielt hat?

## 7.3 Einzelinteressen und Gesamtziel

Warum sollten sich denn die Führungskräfte, nachdem sie sich auf ein gemeinsames Ziel verpflichtet haben, nicht an den Geist eines Regelwerkes halten? Meist wird die Disziplin als notwendig akzeptiert und nur dann gebrochen, wenn wichtige Einzelinteressen und Ziele es subjektiv erfordern. Ein gewiefter Vertriebsmitarbeiter, der kurz vor Geschäftsjahresende seine Ziele bereits erfüllt hat, wird in der Regel weitere Aufträge in das nächste Geschäftsjahr schieben. Das ist aus seiner persönlichen Sicht verständlich: Sonst würde vielleicht sein Ziel für das nächste Jahr angehoben, und wer weiß, ob das nächste Jahr auch so gut läuft. Lieber auf Nummer sicher gehen und mit einem Polster ins neue Geschäftsjahr starten.

Dieser Verstoß gegen die Disziplin hat aus seiner Sicht keine Nachteile für das Unternehmen, weil die Aufträge ja auf jeden Fall hereinkommen. Aber aus Sicht der Unternehmensleitung kann das anders aussehen. Vielleicht steht das Ergebnis genau auf der Kippe: schwarze Null oder rote Zahlen. Dieser eine überplanmäßige Auftrag kann den Unterschied machen.

Auch bei Change-Projekten kommt es immer wieder zu Konflikten zwischen individuellen Interessen und Ängsten auf der einen Seite und dem großen Gemeinschaftsziel auf der anderen Seite. Das lässt sich nicht vermeiden, aber mit Disziplin nachvollziehbar und transparent regeln. Dabei gilt folgende goldene Regel:

*Je einfacher und transparenter die Regeln, die Berichtsformate und das Reporting sind, desto einfacher ist es, Selbstdisziplin und Disziplin durchzuhalten. Je komplexer Regelwerke sind, desto einfacher ist es, sie im eigenen Interesse zu gestalten.*

Einfachheit ist sehr wichtig, aber nicht alles. Erinnern wir noch einmal an das Beispiel eines Freundes, der abnehmen will. Er hat sich eingestanden, dass er Fettpolster in erheblicher Menge herangezüchtet hat. Sein Zukunftsentwurf ist in Kilo definiert, er ist bereits dreimal abends gejoggt und hat weniger gegessen. Er hat also alles richtig gemacht, und doch muss er jetzt eine gewaltige Hürde überwinden:

Er muss die Veränderungen dauerhaft in den Alltag übertragen, mehr noch, er muss diese Veränderungen zu einem Bestandteil des Alltags machen.

Wie schafft er das? Indem er sich klare Regeln setzt und darüber hinaus neue Routinen begründet. Also beispielsweise vor jedem Hauptgang einen Salat essen und auf den Nachtisch verzichten. Jeden Montag und Mittwoch 30 Minuten joggen und am Samstagmorgen ein ausgedehnter Waldlauf. Sonntagabend geht es auf die Waage. Je einfacher die Regeln sind, desto höher ist die Wahrscheinlichkeit, dass sich unser Freund daran hält.

**ALTE GEWOHNHEITEN DURCH NEUE ROUTINEN ERSETZEN**

Soll ich mir morgens die Zähne putzen? Darüber denkt kein Erwachsener ernsthaft nach, sondern tut es einfach. Das ist auch gut so, denn wenn wir über jede einzelne Handlung tagtäglich neu reflektieren, erreichen wir vielleicht eine höhere Bewusstseinsebene, blockieren uns aber für alle anderen Entscheidungen außerhalb der Basisfunktionen. Über mehr als 50 Prozent unserer Handlungen denken wir gar nicht nach, sondern vollziehen sie aus Gewohnheit. Erst dadurch haben wir „Arbeitsspeicher" frei für wichtige Entscheidungen.

In Unternehmen passen wir uns im Betriebsalltag den vorherrschenden Gewohnheiten an. Besprechungen fangen sowieso erst eine Viertelstunde nach dem offiziellen Beginn an? Also planen wir statt 16 Uhr automatisch Viertel nach vier ein. Bei der Zielverfolgung kommt es nicht unbedingt auf die Zahlen an, sondern eine schöne Präsentation tut es auch? Also wählen wir den leichten Weg und öffnen eher PowerPoint als Excel.

Über diese „schlechten" Gewohnheiten zu diskutieren ist ein Anfang, aber keine Lösung. Die unerwünschten alten Gewohnheiten müssen vielmehr mit neuen Routinen überschrieben werden. Die Besprechungen sollen wirklich zur vollen Stunde beginnen? Dann muss die Routine eingeführt werden, dass Besprechungen mit dem wichtigsten Punkt beginnen. Wer nicht dabei ist, kann nicht mitreden. In Besprechungen hat sich die Gewohnheit eingeschlichen, dass die Teilnehmer ihre E-Mails auf ihren Smartphones bearbeiten und den anderen nicht zuhören? Dann gilt ab jetzt die neue Routine, dass alle demonstrativ ihr Handy ausschalten und in eine Sammelbox legen.

Die Mechanik ist einfach, aber die Schwierigkeit liegt woanders: Die schlechten Gewohnheiten laufen so automatisiert ab, dass die Gruppe es gar nicht mehr bemerkt. Dazu ist ein externer Impuls notwendig. ■

Auch beim Zugvogel-Prinzip führen wir neue Regeln und neue Routinen ein, mit denen die Umsetzungsdisziplin deutlich steigt. Auch sie sind sehr einfach und darum wirksam, wenn es darum geht, die im Unternehmen gewohnten Ausweichbewegungen und Schubvernichter auszuhebeln.

Ausweichbewegungen sichtbar machen.

Anfangs fördern Change-Projekte nach dem Zugvogel-Prinzip die Werte Offenheit, Radikalität und Kreativität. Nach dem Durchbrechen der Handlungsbarriere müssen wir andere Werte einfordern und fördern: Fokussierung, Schnelligkeit, Disziplin.

Warum sollten Führungsmannschaften, die bislang wenig diszipliniert gearbeitet haben, bei aller Begeisterung und bei allem Alignment plötzlich ihr Verhalten ändern? Vielleicht haben alle den festen

Vorsatz, jetzt die Maßnahmen wirklich durchzuziehen. Aber sehr schnell wird die Ernsthaftigkeit getestet. Auch hier greift die Führungsregel: Was einmal funktioniert, passiert wieder. Denken Sie noch einmal an die Begebenheit mit dem kleinen Kind, das einmal Mutter und Vater gegeneinander ausgespielt hat. Egal wie oft es anschließend nicht funktioniert, ein Versuch kann doch nicht schaden …

Erinnern wir uns kurz an das Fünf-V-Modell der Schubvernichtung: Vereinbaren, Verkomplizieren, Verwässern, Versanden, Vergeben. Diesen Zyklus müssen wir unterbrechen. Wir verhindern das Verkomplizieren durch eine einfache und transparente Berichterstattung. Wir dulden keine Verwässerung, indem wir stur an der vereinbarten Wirkung in Euro festhalten und die Berichterstattung standardisieren. Bringt die ursprünglich vorgeschlagene Maßnahme nicht die erwartete Wirkung, dann gilt die vorher vereinbarte Regel, dass neue Maßnahmen gefunden werden müssen. Damit erledigt sich auch das Thema Vergeben, denn das Schließen der Dynamischen Lücke bleibt unverändert das vereinbarte Ziel.

## 7.4 Von den ersten Schritten in den neuen Alltag

Am Ende des ersten Workshops – je nach Situation können es auch mehrere sein – hat das Team die Dynamische Lücke errechnet. Das ist die neue erste Regel des Change-Teams: Über das Ziel wird nicht mehr diskutiert. Es beruht auf eigenen Zahlen und einer transparenten Methodik. Damit hebeln wir einen in einer Vielzahl von Unternehmen beliebten Schubvernichter aus: Die ewige Zieldiskussion hört auf. „Verfolgen wir das richtige Ziel? Haben sich die Rahmenbedingungen nicht verändert, und müssten wir das Ziel nicht darauf abstimmen?“ Klare Antwort: „Nein. Nein. Nein.“ Wir haben ein neues Mantra, und das heißt: „Dynamische Lücke schließen.“

Werden während des Workshops noch mehrere Nachfolgetermine vereinbart, wird die Ernsthaftigkeit des Veränderungsprozesses deutlich. Hier nutzen wir ein weiteres fundamentales Führungsprinzip. Was sendet innerhalb eines Unternehmens das klare Signal aus: Achtung, wichtig! Wenn Führungskräfte ihre Zeitpläne umstellen und Zeiten für ein Projekt blockieren. Das bemerkt die Organisation sehr schnell und spürt, dass dieses Projekt wichtig sein muss.

Die Dringlichkeit des Change-Projekts gibt dabei den Takt vor. Erfahrungsgemäß werden in Besprechungen vereinbarte Aufgaben sehr häufig erst kurz vor dem nächsten Meeting zu diesem Thema abgearbeitet. Je länger die Intervalle zwischen den jeweiligen Sitzungen, desto langsamer ist der Fortschritt. Umgekehrt gilt, dass je kürzer die Abstände zwischen den einzelnen Meetings sind, desto schneller gibt es Projektfortschritte – und desto wichtiger erscheint es im Unternehmen.

Unser Musterunternehmen, für das wir die Dynamische Lücke berechnet haben, erwirtschaftete zu der Zeit einen soliden Gewinn. In diesem Fall haben wir einen vierwöchigen Rhythmus vorgeschlagen. In anderen Fällen, in denen Unternehmen in einer akuten Krise stecken und jeden Monat Geld verbrennen, ist eine schnellere Abfolge der Anschlusstermine von 14 Tagen oder gar einer Woche sinnvoll.

Entscheidungen im Team fällen.

Diese Meeting-Termine sollten für die nächsten vier bis sechs Monate festgelegt werden und für alle Teammitglieder verbindlich sein. Nach diesem Zeitraum ist meist eine Überführung in die normalen Geschäftsleitungssitzungen sinnvoll. Allerdings nur dann, wenn dazu alle für den Change-Prozess relevanten Führungskräfte im Team sind.

Das ist in einigen Unternehmen nicht selbstverständlich. Immer wieder ist zu erleben, dass der oder die Geschäftsführer fast ausschließlich in Zweiergesprächen mit den Bereichsleitern kommunizieren. Die große Runde mit der zweiten Führungsebene trifft sich manchmal nur einmal im Jahr. Mit dieser Methode fällt es schwer, Alignment und ein gemeinsames Zielverständnis zu erreichen. Der Informationsaustausch erfolgt vor allem nach persönlichen Kriterien.

Die gewohnheitsmäßige Absprache in Zweiergesprächen bildet einen idealen Nährboden für das Fünf-V-Modell der Schubvernichtung. Es ist viel einfacher, in einem Vieraugengespräch Ziele zu verkomplizieren und zu verwässern, als in einem öffentlichen Kreis.

Change-Prozesse nach dem Zugvogel-Prinzip wirken über Bereichsgrenzen hinaus und erfordern zwangsläufig eine enge Abstimmung und Zusammenarbeit der verantwortlichen Führungskräfte. Sie haben gemeinsam die Dynamische Lücke errechnet und Maßnahmen definiert. Jetzt müssen sie die Wirkung auch gemeinsam erreichen, und dazu müssen sie als ein Team funktionieren.

Maßnahmen-Kleeblatt: Die Form bestimmt den Inhalt.

Um ein Zeichen zu setzen, bietet es sich an, den Workshop in einer für das Unternehmen ungewöhnlichen Umgebung durchzuführen. „So wie gewohnt geht es nicht weiter.“ Das erste Meeting nach der Phase der Maßnahmenfindung sollte dagegen wieder in der gewohnten Arbeitsumgebung stattfinden. Auch das ist ein bewusstes Signal: Von jetzt an geht es darum, die Veränderungen in den Alltag zu übertragen.

Dieses erste „Umsetzungs-Meeting“ kann durchaus länger dauern. Jetzt werden alle aus dem Workshop vorgeschlagenen Maßnahmen vorgetragen. Bei Unternehmen mit einer Geschäftsbereichsstruktur sollten die jeweiligen Verantwortlichen, die für diese Unternehmenseinheiten die Gewinn-/Verlustverantwortung tragen, die Projekte präsentieren, in kleineren Unternehmen die jeweiligen Funktionsbereichsleiter.

### Das Maßnahmen-Kleeblatt anwenden

In unseren Projekten haben wir zwischen Workshop und dem ersten Umsetzungs-Meeting eine Form der Präsentation zwingend vorgegeben. Wir nennen sie das „Maßnahmen-Kleeblatt". Sie zwingt alle Maßnahmen strukturiert auf eine Folie. Wie ein vierblättriges Glückskleeblatt besteht es aus vier Feldern (Bild 7.1).

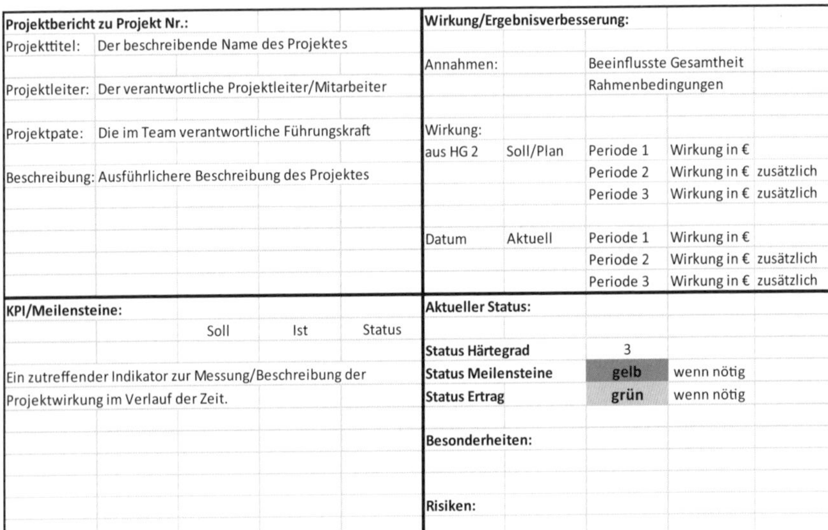


**Bild 7.1** Das Maßnahmen-Kleeblatt strukturiert die Sicht auf jede Maßnahme und verhindert Ausweichbewegungen

Die Projektdefinition benennt die Projektverantwortlichen bis zur Arbeitsebene und beschreibt das Projekt. Hier sind keine Fantasienamen gefragt, sondern einfach nur eine schlichte Darstellung.

Das nächste Feld führt die Meilensteine, also was bis wann erreicht werden soll, und die dazu eingesetzte Maßeinheit auf. Betriebswirte nennen diese Einheit Key Performance Indicator, KPI. Sie beschreibt die Größe, an der wir die Veränderung aussagekräftig messen können. Für unseren Freund, der abnehmen will, ist die Gewichtsveränderung in Kilogramm ein sinnvoller KPI. Für den Vertriebsinnendienst kann die Durchlaufzeit in Tagen vom Auftragseingang bis zur

Einbuchung in den Produktionsplan eine aussagekräftige Größe sein. Wichtig ist, dass sie nachvollziehbar ist und offengelegt wird.

Das Feld „Wirkung“ muss immer die beeinflusste Gesamtheit nennen. Warum ist das wichtig? Unser Freund hat als Ziel angegeben, sein Gewicht um zehn Kilo zu verringern. Bei einer beeinflussten Gesamtheit von 85 Kilo ist das relativ viel, bei einem Ausgangsgewicht von 150 Kilo sollten wir vielleicht noch einmal darüber sprechen, ob das Ziel ambitioniert genug ist.

Übertragen wir dieses Vorgehen auf ein Unternehmen: Das Zuliefervolumen der 20 größten Lieferanten, die zu einem Lieferantentag eingeladen werden, beträgt 100 Millionen Euro. Ist da eine Einsparung von 200.000 Euro angemessen? Der Rückbezug auf die Grundgesamtheit ist immer ein guter Realitätscheck der zu erwartenden Wirkung. Hier nutzen wir wieder die Vorteile des Schätzens. 200.000 Euro sind viel Geld, aber im Vergleich zu einer Grundgesamtheit von 100 Millionen Euro müsste deutlich mehr möglich sein.

---

Ursprungswert der Maßnahme erhalten.

---

Die Alltagserfahrung in Unternehmen zeigt, dass ursprünglich genannte Zahlen und Ziele gerne mit der Zeit aus der Berichterstattung herausfallen. Wie viele Projekte haben Sie erlebt, die beim Start eine Wirkung X haben sollten, die dann immer weiter abgeschmolzen ist?

Da war dieses IT-Projekt, das mehr als fünf Millionen einsparen sollte. Alle waren begeistert. Dann traten Komplikationen auf. Das Projektteam nahm ein paar Bereiche heraus, aus dem flächendeckenden Einsatz wurde ein Pilotprojekt. Da erzielen wir auf kurze Sicht zwar geringere Einsparungen, aber diese sicher. Aus den fünf Millionen wird dann schnell eine Million ...

Trotzdem wird die wesentlich geringere Einsparung am Ende von solchen Projekten noch als Erfolg gefeiert. Genau diesen Schubvernichter schalten wir mit dem Kleeblatt aus. Es enthält die ursprünglich geschätzte Wirkung mit dem entsprechenden Härtegrad und den tatsächlichen Status. Ein klassischer Soll-Ist-Vergleich. Zeichnet sich ab, dass die ursprüngliche Schätzung zu optimistisch war, dann wird das hier unbarmherzig deutlich.

Das vierte Feld beschreibt den aktuellen Status, also den Härtegrad der Maßnahme, den Projektfortschritt, Besonderheiten und mögliche Risiken.

Keine Bühne für Blender.

Was ist der Vorteil einer solchen formalisierten Darstellung? Nun ja, sie bremst die PowerPoint-Paganinis aus, die, in Folienschlachten erprobt, wunderbare Nebelwände legen können. Aufwendige Präsentationen verkomplizieren und lenken ab, ein bewährtes Ausweichmanöver. Das Abtauchen auf Detailprobleme lenkt vom oft nicht vorhandenen Projektfortschritt ab. Das Maßnahmen-Kleeblatt unterbindet diese Ausweichmanöver, denn es zwingt dazu, die wesentlichen Kennziffern und die Ursprungsschätzungen immer wieder allen vor Augen zu führen (Bild 7.2).

Das Format Maßnahmen-Kleeblatt lenkt die Aufmerksamkeit auf die Umsetzung und macht alle Maßnahmen in ihrer Wirkung vergleichbar. Damit hat das Team eine standardisierte Information als Basis für Entscheidungen. Eine wichtige Spielregel:

*Ohne Maßnahmen-Kleeblatt wird nicht über eine Maßnahme diskutiert.*

Erstens ist das eine wunderbare Disziplinübung. Das Kleeblatt ist eine Standardisierung mit dem Ziel, den Fortschritt aller Maßnahmen vergleichbar zu machen. Sie beinhaltet alle für Entscheidungen not-

| **Projektbericht zu Projekt Nr.:** | | **14** | |
|---|---|---|---|
| Projekttitel: | **Maschinennutzung Dreherei verbessern** | | |
| Projektleiter: | Abteilungsmeister XYZ | | |
| Projektpate: | Produktionsleiter XYZ | | |
| Beschreibung: | In der Dreherei soll die Nutzung der Drehmaschinen der Maschinengruppe 4711 von einem OEE von 67 % auf einen OEE von 78 % gebracht werden | | |

| **Wirkung/Ergebnisverbesserung:** | | | |
|---|---|---|---|
| Annahmen: | | 4.800 h | Maschinenlaufzeit |
| | | 12 Mio. | Jahresumsatz |
| Einsparung: | | | |
| bei HG2 | Soll/Plan | 2012 | 50.000 |
| | | 2013 | 300.000 zusätzlich |
| | | 2014 | 50.000 zusätzlich |
| 01.10.2012 | Aktuell | 2012 | 45 |
| | | 2013 | 320.000 zusätzlich |
| | | 2014 | 25.000 zusätzlich |

| **KPI/Meilensteine:** | Soll | Ist | Status |
|---|---|---|---|
| 1) Projektstart | 01.02.2012 | 12.02.2012 | erl. |
| 2) Aufnahme Ist OEE | 20.02.2012 | 23.02.2012 | erl. |
| 3) Analyse Top 3 | 24.02.2012 | 25.02.2012 | erl. |
| 4) Pilotprojekt läuft | 15.03.2012 | 18.03.2012 | erl. |
| 5) Rollout 4711 | 01.05.2012 | | |
| 6) Projektabschluss | 01.09.2012 | | |
| 7) Neu ber. Stundensatz | 15.09.2012 | | |

| **Aktueller Status:** | |
|---|---|
| **Status Härtegrad** | 3 |
| **Status Meilensteine** | gelb |
| **Status Ertrag** | grün |

**Besonderheiten:**
Durch die Anschaffung von zwei neuen Drehmaschinen hat sich das Projekt zu Beginn verzögert, konnte jedoch aufgeholt werden.

**Risiken:**
Krankheit von Herrn XYZ

**Bild 7.2** Beispiel eines realen Maßnahmen-Kleeblatts, das den Status von Maßnahmen standardisiert zusammenfasst, hier erstreckte sich die Wirkung der Maßnahme über mehrere Jahre

wendigen Informationen. Wenn die Informationen nicht vorliegen, dann fehlt die Basis für eine Entscheidung, dann muss der Verantwortliche nachliefern. Versucht er, mit einer schön animierten PowerPoint-Präsentation Eindruck zu schinden, kann er das tun, aber nur, wenn am Ende das ausgefüllte Kleeblatt steht.

Zweitens spart es enorm viel Zeit, die sonst für Diskussionen ohne ausreichende Datenbasis verbraucht wird. Das entmutigt Versuche, mangelnden Fortschritt zu überspielen, sei es wiederum mit schönen Präsentationen oder der Ausrede: „Wir liegen gut im Rennen, ich hatte nur keine Zeit, die Zahlen aufzubereiten." Nein! Kein Kleeblatt, kein Projektfortschritt!

Eine weitere wichtige Spielregel:

*Nur das Change-Projektteam, die Unternehmensleitung mit den definierten Führungskräften, entscheidet darüber, ob Maßnahmen weitergeführt oder eingestellt werden.*

Schmälert das den Entscheidungsspielraum der Geschäftsführung nicht ungebührlich? Nein, der Change-Prozess nach dem Zugvogel-Prinzip setzt ausdrücklich auf einen Teamansatz. Alle Vorbereitungen haben dazu gedient, eine Schwarmbildung zu fördern. Das Team hat die Ziele selbst gesetzt und gemeinsam die Maßnahmen erarbeitet. In der Umsetzungsphase wollen wir diese Entwicklung stärken.

Die offene Diskussion innerhalb des Teams über alle Maßnahmen sorgt für einen gleichmäßigen Informationsstand. Eine Reihe von Maßnahmen betrifft ohnehin mehrere Bereiche und Funktionen. Hier ist die Gelegenheit, Schwierigkeiten zu benennen, Unterstützung anzufordern und Hilfe anzubieten. Hier kann die Unternehmensleitung delegieren und Entscheidungen im Konsens treffen: Anschließend kann sich keiner aus der Runde herausziehen mit dem Argument, er sei ja nicht gefragt worden.

### Belohnungslernen

Die Härtegradlogik spielt in der ersten Umsetzungsphase eine wichtige Rolle in mehrfacher Hinsicht. Einen Effekt, das Heben aller Ideen im Unternehmen, haben wir besprochen. Aber auch in der Umsetzung leistet sie wichtige psychologische Beiträge. Zum einen vermittelt schon der Schritt von Härtegrad 1 in den Härtegrad 2 ein Erfolgserlebnis. Das Team sieht so schnell erste Fortschritte. Das Team kommt in gemeinsame Bewegung, die das Alignment weiter fördert, und zugleich werden so spürbare „erste Schritte“ gemäß der Handlungsungleichung getan.

Ein weiterer wichtiger Effekt: Die Unterteilung in die Härtegrade strukturiert die Aufgabe in Teilschritte. Dahinter liegt eine Erkenntnis der Lerntheorie. Die effizienteste Art zu lernen ist es, kontinuierlich mittelschwere Aufgaben zu lösen. Sehr schwere Aufgaben dagegen kosten enorm viel Energie bei einer viel höheren Gefahr des Scheiterns. Schaffen wir die Aufgabe, dann sind wir anschließend erschöpft und brauchen Erholung.

In der Praxis sind solche Erkenntnisse auch die Basis für Veränderungen in der Hochschulausbildung. Früher gab es in vielen Studienfächern eine schwere Zwischenprüfung oder sogar nur ein extrem umfangreiches Abschlussexamen. Studenten, die an dieser Hürde scheiterten, hatten zwei bis fünf Jahre verloren. Mittlerweile wurde das in fast allen Fächern von einem kontinuierlichen Strom an Scheinen abgelöst. Das mag eine gewisse Verschulung bedeuten, aber auf der anderen Seite verringert es die Risiken deutlich.

Die Härtegrade 1 bis 3 reduzieren das Risiko des Scheiterns für neue Ideen, weil es die Aufgabe in Teilpakete aufspaltet. Der Weg von der ersten Schätzung zur plausiblen Berechnung im Härtegrad 2 ist wesentlich einfacher, als direkt alle Daten für ein Projekt zu sammeln und detailliert zu berechnen. Der Schritt in den Härtegrad 3, ab dem die gewohnte Projektorganisation greift, ist wieder überschaubar. Übrigens zeigt die Erfahrung, dass die Aufteilung in Teilaufgaben das Tempo nicht verzögert, sondern vielmehr steigert.

### Tagesgeschäft oder Change-Projekt?

Dieses Argument kommt so sicher wie der nächste Vollmond: „Kunde XY braucht jetzt eine intensive Betreuung. Wir brauchen den Umsatz, da muss das Change-Projekt hintanstehen." Führungskräfte arbeiten immer an der Kapazitätsgrenze. Bei Zusatzprojekten stellen sie die Unternehmensleitung oft vor die Alternative: entweder Tagesgeschäft oder Projekt. Beides geht nicht. Stimmt das so?

Wir sind da skeptisch. Nicht jeder 14-Stunden-Tag füllt sich mit wichtigen Aufgaben. Aber ist es wirklich notwendig, dass sich jede Führungskraft um alle Details kümmert?

Grundsätzlich sind Zusatzprojekte an sich nicht ungewöhnlich im Unternehmensalltag. Seien es Qualitätsthemen, Umstrukturierungen oder Turnarounds von Problemeinheiten. Change-Prozesse nach dem Zugvogel-Prinzip unterscheiden sich von kurzfristigen Zusatzaufgaben dadurch, dass sie zum Alltag der Führungskräfte werden sollen – und müssen.

Dieser Anspruch ist hoch, und wir kommen in den ersten Arbeits-Meetings immer wieder auf das gleiche Thema: Wie kann ich die Change-Projekte noch obendrauf packen, ohne mein Tagesgeschäft zu vernachlässigen? Die Frage ist nicht trivial, sie kann sogar dazu führen, dass die Aufbruchsstimmung aus dem Auftakt-Workshop einer tiefen Frustration, ja teilweise sogar Resignation weicht. Alle wissen, dass sie jetzt Vollgas geben müssen, andererseits sind sie wie gelähmt, weil sie Angst haben, ihren eigentlichen Job nicht erledigen zu können.

Führung heißt delegieren.

Vorweggesagt. Wir sind keine ausgewiesenen Spezialisten für Zeitmanagement und wollen uns auch nicht als solche darstellen. Aber es gibt ein paar grundsätzliche Techniken, die allen Führungskräften helfen, Zeitkontingente für Zusatzaufgaben freizuschaufeln.

### Über den Umgang mit Zeit

Vielen Führungskräften fällt es schwer, zu delegieren. Aufgaben, die ihnen wichtig sind, wollen sie selbst im Griff haben und übernehmen selbst Routinearbeiten – manchmal einfach aus Gewohnheit. Schon als Gruppenleiter habe ich die Zahlen für den Monatsbericht aufbereitet, als Abteilungsleiter sowieso und jetzt als Bereichsleiter brauche ich die Originaldaten …

Das Thema lautet Delegieren, und hier ist es wie mit dem Benzinverbrauch des Autos im Freundeskreis: Harte Fakten und subjektives Gefühl driften weit auseinander. Wer einmal Führungskräfte eines anderen Unternehmens mehrere Tage beobachtet und gecoacht hat, sieht mit neutralen Augen enorme Schubvernichter. Es ist erstaunlich, wie viele Routinearbeiten Manager freiwillig übernehmen oder von ihren Mitarbeitern dazu gebracht werden, sie zu übernehmen.

Gerade diese Rückdelegation nach oben ist ein beliebtes Phänomen: Bei diesem Projekt gibt es Schwierigkeiten, können Sie sich einmal die Zahlen ansehen? Die andere Abteilung schießt quer, können Sie das Meeting am Freitag leiten? Das ist eine politische Frage, das müssen Sie entscheiden.

Die Rückdelegation ist tückisch, weil sie dem Manager das Gefühl gibt, ohne ihn läuft es sowieso nicht. Also kümmere ich mich gleich um jede Aufgabe, sagen sich da manche Führungskräfte und reiben sich an Aufgaben auf, die ein oder zwei Ebenen tiefer von ihren Mitarbeitern erledigt werden müssten. Und selbst wenn eine Führungskraft dieses Risiko kennt, kann sie doch wieder leicht hereinstolpern.

Die wirksamste Gegenmaßnahme ist übrigens die Antwort: „Gut, dass Sie mich ansprechen, ich setze es sofort auf die Tagesordnung der nächsten Besprechung." In der Regel endet hier die Mehrzahl der Rückdelegationsversuche, bei den übrigen sorgt ein gewisser Gruppendruck für die Disziplinierung.

Sortieren: wichtig, notwendig, nett, überflüssig.

Wir empfehlen, ein oder zwei Wochen lang die eigenen Tätigkeiten zu protokollieren. Allein diese Buchführung führt schon zu ersten Aha-Erlebnissen. Aber es geht um mehr, und deshalb sollten die Tätigkeiten in eine Liste mit vier Spalten eingeordnet werden.

In die erste Spalte gehören die Aufgaben, die unbedingt selbst erledigt werden müssen. Die Abteilungsleitersitzung des Bereichs vorbereiten und sich einen Überblick über die Themen der Agenda zu verschaffen kann eine solche Aufgabe sein. Wichtige Kunden zu betreuen gehört auch dazu, aber Vorsicht: Definieren Sie sich eine absolute Schwelle, ab der sie Kunden persönlich betreuen. Bei erstaunlich vielen Kundenterminen haben von uns gecoachte Manager schon auf der

Fahrt dorthin gesagt: „Eigentlich ist dieser Termin Zeitverschwendung.“ Ja warum fahren wir dann jetzt dorthin?

In die zweite Spalte kommen die Aufgaben, die die Mitarbeiter vorbereiten können und die nur noch zur Entscheidung vorzulegen sind. Bei einer Produktentwicklung muss eine Führungskraft sich nicht in jedes Detail einarbeiten und mitreden. Viel besser ist es, die Fachleute verschiedener Abteilungen, Entwicklung, Einkauf, Produktion und Vertrieb, an einen Tisch zu bringen und klar zu kommunizieren, dass dies ihr Projekt ist. Mindestens 90 Prozent der Entscheidungen kann das Projektteam alleine fällen, und nur bei maximal zehn Prozent ist eine Entscheidung der Führungskraft notwendig.

Über die dritte Spalte schreiben Sie die Frage: „Was kann ich erledigen, wenn ich Zeit habe, muss es aber nicht?“ Diese Frage erfordert einen selbstkritischen Blick auf die eigene Tätigkeit. Es macht Spaß, den Entstehungsprozess der nächsten Werbekampagne mitzuerleben. Aber ist es notwendig, wenn Sie gerade keine Zeit haben?

In die vierte Spalte gehören die Tätigkeiten, die Sie unbedingt delegieren müssen. Müssen Sie bestimmte Excel-Listen zwei Stunden lang im Original auswerten, oder sollte das nicht besser ein Mitarbeiter tun und Sie in 15 Minuten auf den aktuellen Stand bringen? Müssen Sie jede Bestellung über mehr als 100 Euro persönlich freigeben, eventuell noch Informationen dazu einholen? Ist das nicht die Aufgabe der Gruppen- und Abteilungsleiter, und sollten Sie sich nicht auf die höheren Summen konzentrieren?

Damit haben Sie schon rund 80 Prozent Ihrer Zeit strukturiert. Es bleiben die Zweifelsfälle: Da sind diese Tätigkeiten, die sehr wahrscheinlich überflüssig sind, bei denen Sie sich aber nicht sicher sind. Bestimmte Informationsformate gehören dazu: Vor drei Jahren schien Brasilien einer der großen Zukunftsmärkte zu sein, und Sie haben die Aufgabe übernommen, einmal im Quartal einen ausführlichen Südamerika-Bericht für die Führungsrunde zu erstellen. Nach diesen drei Jahren ist Ihr Unternehmen noch immer nicht dort präsent. Es scheint Ihnen sehr wahrscheinlich, dass sich eigentlich niemand mehr für das Thema interessiert.

Sie könnten eine Umfrage starten, aber wir empfehlen ein anderes Vorgehen. Erstellen Sie den Bericht noch einmal, aber versenden ihn nicht. Sie warten darauf, dass die bisherigen Empfänger sich beschweren. Passiert das wirklich, drücken Sie einfach auf „Senden“. Für den nicht unwahrscheinlichen Fall, dass es gar nicht auffällt und niemand nachfragt, haben Sie eine Tätigkeit für Ihre persönliche Kill-Liste.

Auf diese Kill-Liste gehören Aufgaben, die sie für Zeitverschwendung halten. Aber es bleibt ein Restzweifel, ob sie für andere wichtig sind. Unser Tipp: Einfach einstellen und auf Beschwerden warten. Sie werden erstaunt sein, wie viel Zeit Sie gewinnen.

Entscheiden statt abstimmen.

Ein weiterer Punkt auf dieser Liste betrifft das Thema Abstimmen. Wer in mehreren Unternehmen gearbeitet hat, weiß, dass es unterschiedliche Abstimmungsphilosophien gibt. Ja, bei bereichsübergreifenden Themen ist es erforderlich und sinnvoll, sich mit anderen Abteilungen abzustimmen. Aber was ist mit den Themen, die nur eine Abteilung betreffen?

Es gibt Unternehmen, in denen jede interne Kleinigkeit mit anderen abgestimmt wird – übrigens häufig ein Zeichen für eine große Angst vor Fehlern. Fragen Sie sich kritisch, welche Punkte Sie wirklich mit anderen abstimmen müssen und welche rein intern sind. Wo reicht es, einfach zu entscheiden und anschließend zu informieren? Es geht noch weiter: In wie viele Abstimmungsprozesse sind Sie involviert, die nichts mit Ihrem Aufgabengebiet zu tun haben? Wenn Sie die Abstimmerei konsequent auf das sachlich wirklich notwendige Maß zurückfahren, haben Sie einen großen Zeitfresser auf Diät gesetzt.

Platz für Change-Projekte schaffen.

---

Gerade zu Beginn des Change-Prozesses sollten Sie sich ein festes Zeitfenster für ihre Veränderungsprojekte reservieren. Beginnen Sie jeden Arbeitstag damit, ein, zwei oder drei Stunden nur daran zu arbeiten. Es ist entscheidend, sich den Anfang des Arbeitstages zu reservieren. Im Verlauf eines normalen Arbeitstages kommen immer nicht geplante Aufgaben auf Sie zu, die andere Tätigkeiten nach hinten schieben. Der Vorsatz, ich kümmere mich ab 16 Uhr darum, bleibt aller Erfahrung nach ein unrealistisches Vorhaben. Sie werden frühestens um 18 Uhr mit dem Tagesgeschäft durch sein.

1) Delegieren:
   - Was muss ich unbedingt selbst erledigen?
   - Was können andere vorbereiten und ich muss entscheiden?
   - Was kann ich erledigen, wenn ich Zeit habe, muss es aber nicht?
   - Was sollte ich keinesfalls mehr erledigen?
2) Kill-Liste:
   - Welche meiner Tätigkeiten kann ich ersatzlos streichen?
3) Entscheiden
   - Abstimmungsflut eindämmen!
4) Zeit für Change reservieren:
   - Zu Beginn des Arbeitstages ein bis drei Stunden.
   - Fester Rhythmus, an Mitarbeiter kommuniziert.

**Bild 7.3** Vier einfache Techniken, um im Alltagsgeschäft Zeit für Projektarbeit freizuräumen

Reservieren Sie die Zeit bis zehn Uhr morgens für die Veränderungsprojekte, und sagen Sie das auch Ihren Mitarbeitern. Damit verleihen Sie öffentlich dem Veränderungsprozess ein enormes Gewicht und geben ein wichtiges internes Signal.

**VERHALTENSÄNDERUNGEN BRAUCHEN ZEIT**

Veränderungen im Tagesablauf fordern zunächst Energie und Überwindung - viel mehr und viel länger, als die meisten zu Beginn vermuten. Die amerikanische Psychologin Dawna Markova hat untersucht, wie lange es dauert, bis sich Menschen an kleine, simple Verhaltensänderungen gewöhnen. Sie hat ihre Testpersonen beobachtet und festgestellt, welcher Daumen beim Falten der Hände oben ist. Dann stellte sie die einfache Aufgabe, von nun an den anderen Daumen nach oben zu nehmen. Auch für eine solch einfache Veränderung braucht der Mensch durchschnittlich zwei Wochen. Bis dahin feuert das Gehirn unablässig Alarmsignale ans Bewusstsein: „Hier stimmt was nicht!"

### Einfache, standardisierte Berichterstattung

Kommen wir abschließend zu einem etwas heiklen Thema: das Controlling. Der Change-Prozess benötigt eine eigene Berichterstattung, die auf wenige Werte reduziert ist. Ja, aber das können wir doch mit unserem etablierten Berichtswesen abdecken, ist zu hören. Holen wir etwas aus.

Es gab im Bundestagswahlkampf 2005 einen Wirtschaftsprofessor aus Heidelberg, der eine Steuererklärung auf dem Bierdeckel einführen wollte. Dieses Projekt ist schnell in der Versenkung verschwunden, wie fast alle Versprechen, das Steuerrecht zu vereinfachen. Das hing nicht nur damit zusammen, dass die entsprechende Partei den sicher geglaubten Sieg so nicht erreicht hatte. Vielmehr haben wir es hier auch mit einer Mischung aus Omertà, Mythen und Eigensucht zu tun.

Die Klagen über das viel zu komplizierte deutsche Steuersystem füllen riesige Archive. Dennoch sind sie in der Regel nicht wirklich ernst gemeint, denn fast alle profitieren davon. Die Steuerberater, weil es ihnen sichere Einnahmen bringt. Die Politiker, weil sie damit große Gestaltungsspielräume haben, bestimmte Gruppen zu entlasten, andere wiederum auffällig oder unauffällig zu belasten. Sie können über Steuervorteile politisch gewollte Ziele verfolgen. Die Steuerzahler haben die Illusion einer Einzelfallgerechtigkeit, und sie freuen sich diebisch, wenn sie ein vermeintliches Steuerschlupfloch gefunden haben.

Vor allem verschleiert die Komplexität die wirkliche Steuerbelastung, und nur wenige Fachleute aus den Finanzministerien und den Haushaltsausschüssen haben wirklich den Überblick. Dieses Herrschaftswissen macht sie mächtig. Das Steuerrecht ist so komplex, dass es einfache Lösungen unmöglich macht. Alles hängt mit allem zusammen, und die Idee, alle Steuerzahler um sagen wir zehn Prozent zu entlasten, würde zu einer großen Heiterkeit bei den Fachleuten führen.

Die Steuererklärung auf dem Bierdeckel ist zu transparent.

Bei einer einfachen Bierdeckel-Steuererklärung steht unten eine Zahl, die Steuer, die der Steuerpflichtige zahlen muss. Es gibt eine, maximal zwei Variablen wie den Steuersatz und den Familienstand. Die Veränderung einer Variablen wirkt sich direkt auf die Endsumme aus. Das ist transparent und lenkt die Diskussion unweigerlich auf die Höhe der Steuer. Ist das ein gerechter Anteil für den Staat? Bei der gewohnten komplexen Steuererklärung verliert sich jeder sofort in Einzelfragen: Deckt die Kilometerpauschale die tatsächlichen Kosten, ist ein Fortbildungsseminar notwendig für die Berufsausbildung, sind Verluste aus Filmfonds abzugsfähig?

Das sind klassische Ausweichmanöver, die wir beim Zugvogel-Prinzip gar nicht zulassen wollen. Deshalb bestehen wir auf eine gesonderte Berichterstattung, die einfach eine Konstante und zwei Variablen umfasst: Die Konstante ist die Dynamische Lücke. Die beiden Variablen sind die Härtegrade der Maßnahmen und ihre Wirkung in Euro. Damit weiß das Team immer, wie der Umsetzungsstand ist. Fällt die Summe der Wirkungen unter die Zielvorgabe der Dynamischen Lücke, dann müssen schnell neue Maßnahmen her. Das Entscheidende ist die Transparenz der Berichterstattung, die das Team auf die Umsetzung fokussiert.

---

Vorausschauendes Controlling ist nötig.

---

Das klassische Controlling betrachtet immer die Zahlen der Vergangenheit. Wie waren die Kennziffern im abgelaufenen Quartal, im vergangenen Monat oder in der letzten Woche? Das ist ein Blick in den Rückspiegel. Dieser ist auch wichtig, aber niemand würde mit Tempo 200 auf der Autobahn nur in den Rückspiegel schauen. Was wir brauchen, ist der Blick nach vorn, um zu wissen, welche Hindernisse vor uns liegen. Unser einfaches Reporting mit der Härtegradlogik ermöglicht genau dieses Vorausschauen. Wir wissen damit genau, welche Maßnahmen wann und mit welcher Wahrscheinlichkeit wirksam werden.

Die in Bild 7.4 dargestellt Übersicht aus einem Change-Projekt zeigt, wie das Reporting mit den beiden Eckdaten Wirkung und Härtegrad Transparenz schafft. Zu Beginn ist der Anteil der Maßnahmen im Härtegrad 1 sehr hoch. Erst nach sechs Monaten decken die Maßnahmen mit den Härtegraden 2 und höher die Dynamische Lücke.

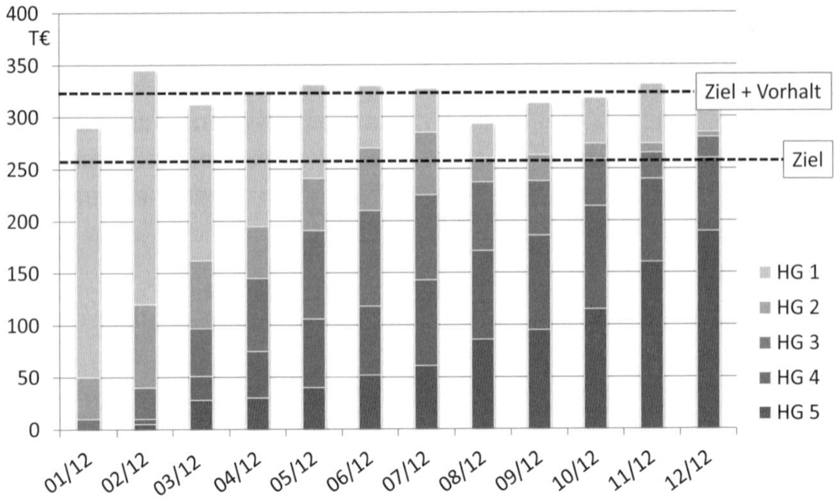


**Bild 7.4** Beispielhaftes Reporting. Nach dem Ausfall von Projekten im Härtegrad 2 im August füllt das Team mit Maßnahmen im Härtegrad 1 auf. Die neuen Maßnahmen sichern die Zielerreichung. Soweit sie nicht mehr in Härtegrad 4 umgesetzt werden, tragen sie zur Schließung der Lücke im Folgejahr bei. (Dargestellt ist der Stand am Ende des Kalenderjahres.)

Im August fallen Projekte im Härtegrad 2 aus, und die Wirkung sinkt unter das anvisierte Ziel einschließlich des Vorhalts. Bereits im nächsten Monat hat das Team neue Maßnahmen im Härtegrad 1 nachgeschoben und damit die zu erwartende Wirkung wieder an das Ziel angepasst.

Wir warten eben nicht erst, bis das Ziel am Jahresende verfehlt wurde, um dann neue Vereinbarungen zu treffen, sondern reagieren sofort. Einige Maßnahmen werden nicht weitergeführt, weil sie die geschätzte Wirkung nicht erreichen? Also müssen neue her – und zwar sofort. Nur so können Change-Projekte das notwendige Tempo beibehalten.

Dieses „Prüfen und Auffüllen" der Maßnahmen ist die entscheidende Führungsaufgabe des Change-Teams. Diese Aufgabe erfordert Disziplin und Hartnäckigkeit. Aber es lohnt sich, denn konsequent eingesetzt ist dieses Reporting der Treiber für die erfolgreiche Umsetzung des Change-Projekts.

Das Projekt-Office machte es den Führungskräften einfach.

Das Maßnahmen-Kleeblatt, das standardisierte Reporting und die Nachverfolgung erfordern in der Regel ein Projekt-Office. Wir reden dabei nicht über eine neue Stabsstelle. Vielmehr übernehmen das oft qualifizierte Assistenten der Geschäftsführung. Die Aufgabe des Projekt-Office ist vor allem, allen Teammitgliedern die Arbeit zu vereinfachen und die Nutzung der Werkzeuge zu fördern. Damit wird eine weitere verbreitete Ausweichbewegung vermieden: „Ich hatte keine Zeit, die Berichte auszufüllen, aber wir sind schon dran!" Wenn die Zahlen vorhanden sind, dann dauert das Ausfüllen des Kleeblatts keine fünf Minuten. Die Ausrede kann nicht gelten – und alle wissen es.

Das Projekt-Office sammelt alle Maßnahmen und pflegt sie in die Berichterstattung ein. Es fordert die aktuellen Zahlen und Härtegrade ein, spürt Doubletten auf und identifiziert „vergessene" Maßnahmen. Einfach nur um einen Eindruck zu geben: Wir haben schon Change-Projekte begleitet, bei denen mehr als 1.000 Einzelmaßnahmen parallel bearbeitet wurden.

Aus der Erfahrung heraus geben wir einen Schätzwert vor: Pro 30 Millionen Euro Umsatz ist in der Anfangsphase eine Person mit dem Projekt-Office beschäftigt. Dabei reden wir nicht über eine Vollzeittätigkeit. Vielmehr geht der Arbeitsaufwand kontinuierlich zurück, sobald die Vorlagen erstellt sind und das Reporting etabliert ist. Danach wird es ein Teil des Arbeitsalltags.

Das Zugvogel-Prinzip verändert Kulturen.

Die Disziplin, die das Zugvogel-Prinzip einfordert, hat eindeutig Nebenwirkungen. In allen Projekten wurden Begriffe wie Härtegrad schnell in den Sprachgebrauch übernommen. Der Kleeblattbericht für Projekte und Maßnahmen etabliert sich als Führungsinstrument auch jenseits der Veränderungsmaßnahmen. In allen Projekten haben wir erlebt, dass die Führungskräfte ein stärkeres Selbstbewusstsein entwickelten und ein Festhalten an der Methodik einforderten. In allen Projekten haben wir erlebt, wie sich eine Schwarmintelligenz entwickelte und die Führungskräfte ihre Energien von den Eigeninteressen auf ein Gemeinschaftsziel lenkten.

Die Methoden fließen in den Alltag ein.

Aber, auch das müssen wir hier ansprechen, in allen Projekten musste auch die erste Führungsebene eine Lernkurve durchlaufen und gewohnte Verhaltensweisen ändern. Das Zugvogel-Prinzip fordert eben auch Selbstdisziplin. Die Methoden domestizieren ein Stück weit die Unternehmensleitung. War es bisher üblich, in Zweiergesprächen Projekte zu beschließen oder zu stoppen, dann ist jetzt ein Führungsteam zuständig. Konnte bislang das Fünf-V-Modell der Schubvernichtung greifen, dann verhindern jetzt das Maßnahmen-Kleeblatt und die Transparenz der Berichterstattung das Verkomplizieren und Verwässern von Vereinbarungen.

Bei den Umsetzungsbesprechungen empfiehlt sich, weiterhin die Methode des zirkulären Feedbacks anzuwenden. Die Prozesslupe verschiebt sich dabei weg von der Kreativität und Radikalität hin zur Disziplin (Bild 7.5). Die Fragen lauten jetzt: Sind wir schnell genug? Sind wir konsequent? Arbeiten wir zielorientiert?

Viele der in diesem Kapitel vorgestellten Methoden haben eines gemeinsam: Sie wirken nur, wenn sie konsequent eingesetzt werden. Abweichungen und Ausnahmen von diesen Methoden brennen sich

**Bild 7.5** Der Fokus der Wertelupe hat sich in der Umsetzungsphase deutlich verändert in Richtung auf Werte, die für die Maßnahmenumsetzung von Bedeutung sind

im Gedächtnis der Mitarbeiter und Mitführungskräfte ein: Was einmal funktioniert, passiert wieder.

**SIEBEN GRUNDREGELN DER DISZIPLIN**

- Jede Führungskraft kann durch einfache Zeitmanagementtechniken Zeitreserven für den Change-Prozess aktivieren.
- Führen heißt, nicht alles selbst zu erledigen, sondern zu delegieren und nachzuverfolgen.
- Einfache Formate für die Berichterstattung verhindern Ausweichbewegungen und Scheinleistungen.
- Nur im standardisierten Format präsentierte Maßnahmen werden diskutiert und entschieden.
- Nebenabreden zu Veränderungsmaßnahmen außerhalb der offiziellen Runden sind nicht zulässig: Was einmal funktioniert, passiert wieder.

- Ursprungsschätzungen und die Gesamtheit, auf die sich die Maßnahmen beziehen, müssen immer erhalten bleiben.
- Alte „schlechte" Gewohnheiten müssen mit neuen Routinen überschrieben werden.

## Literatur

Betsch, Tilmann: „Wie beeinflussen Routinen das Entscheidungsverhalten?". *Psychologische Rundschau*, 4/2005

Charan, Ram; Bossidy, Larry; Burck, Charles: *Execution. The Discipline of Getting Things Done*. Cornerstone 2011

Markova, Dawna: *Die Entdeckung des Möglichen. Wie unterschiedlich wir denken, lernen und kommunizieren*. VAK 1993

# 8 Gemeinsam schnattern

*Schnattern schweißt zusammen –
oder die Bedeutung der Kommunikation
für erfolgreiche Veränderungsprozesse*

## 8.1 Erfolgskritische Größe: Persönliche Kommunikation

Manchmal sind es die kleinen Begebenheiten, die lange im Gedächtnis bleiben. Wir waren vor einigen Jahren an einem herbstlichen Abend im Bankenviertel von Frankfurt unterwegs. Als wir aus einem Hochhaus auf die Straße traten, hörten wir plötzlich ein lautes Geschnatter von oben - von sehr weit oben. Wir schauten hoch und sahen zwischen den Hochhäusern die V-Formation von Gänsen auf dem Weg nach Süden. Dieser Kontrast zwischen moderner Architektur und uraltem, von Instinkt getriebenem Vogelzug prägte unser Gespräch auf der Rückfahrt mehr als die Verhandlungen mit den Bankern.

Diese Begebenheit fiel uns wieder ein, als am Ende eines Workshops ein Geschäftsführer sagte: „Ich schreibe dann nächste Woche einen Aushang zum Veränderungsprozess, und dass wir eine Lücke von x Millionen haben. Das bringt die Leute auf Trab." Kennen Sie das Gefühl, wenn sich dieses Kribbeln im Nacken einstellt, wenn eine neue Information schlagartig ein wichtiges Projekt gefährdet? Wenn wir bis dahin eine systematische Kommunikation für wichtig gehalten hatten, wurde uns in diesem Projekt klar, dass die richtige Kommunikation über Erfolg und Misserfolg entscheidet.

Von hoch professionellen Abteilungen für die interne Kommunikation bis hin zu Mittelständlern, bei denen der Chef über Aushänge „informiert", ist alles möglich. Diese Ansätze allein sagen aber noch nichts über den Erfolg der Kommunikation aus. Die Breitenkommunikation über Mitarbeiterzeitungen und Intranet unterstützt den Change-Prozess, die erfolgskritische Größe ist aber die persönliche Kommunikation der Führungskräfte.

Im Zugvogel-Prozess sind Inhalt und Stil der direkten Kommunikation der Führungskräfte zentral. Die Botschaften und der Stil, in dem die Führungskräfte diese Botschaften vermitteln, müssen klar definiert werden. Dafür bietet sich ein Kommunikationsplan an, der enthält, was wann an wen kommuniziert wird.

Warum ist das sinnvoll und notwendig? Nehmen wir an, Sie haben eine Dynamische Lücke in Höhe des Jahresergebnisses identifiziert. Daraus entwickeln Sie ein Maßnahmenpaket in entsprechender Höhe. Schon allein diese Zahl kann zu Missverständnissen führen, wenn sie falsch kommuniziert wird. Stellen Sie sich vor, Sie haben eine Dynamische Lücke von fünf Millionen Euro erkannt und Maßnahmen für alle drei Stoßrichtungen, Kosten, Wachstum und Komplexität, definiert. Sie sind stolz auf die harte Arbeit im Workshop und geben schnell noch eine Pressemitteilung in Auftrag mit den Stichworten: Wettbewerb hat aufgeholt, müssen schnell reagieren, Maßnahmenpaket fünf Millionen Euro.

Mit etwas Pech lesen Sie zwei Tage später in der Zeitung:

> „Das Unternehmen XY will die Kosten um fünf Millionen Euro senken, weil die Wettbewerber Marktanteile gewinnen. Die Unternehmensleitung wollte sich nicht dazu äußern, wie viele Arbeitsplätze XY abbauen will. Der Betriebsrat sagte gegenüber dieser Zeitung: Wir sind völlig überrascht, denn bislang hieß es immer, dass wir als Premiumhersteller …“

Überrascht ist die Unternehmensleitung dann auch, dabei steht in dieser Meldung nichts Falsches. Sie ist verkürzt und sie zieht naheliegende Schlüsse. Spätestens seit ein Bundespräsident sich auf der Mailbox des *Bild*-Chefredakteurs verewigt hat, wissen wir, dass Druck Journalisten nur noch mehr anstachelt.

Welche Wirkung hat die Meldung aber auf die Mitarbeiter? Auf die Fragen ihrer Partner, Freunde und selbst der Kunden können sie nur hilflos die Schultern zucken. Sie wollen doch, dass sich die Mitarbeiter für die Veränderungen öffnen und engagiert am Prozess mitarbeiten. Deshalb warnen wir vor spontanen Kommunikationseinfällen, denn das Risiko ist in der Regel größer als der mögliche Nutzen.

Dies kann an dem Beispiel von zwei Rauchern verdeutlicht werden. Der eine Raucher verkündete regelmäßig, dass er von einer neuen Methode gelesen hätte, mit der er sich das Rauchen abgewöhnen wolle. Er erzählte gerne und ausführlich darüber – aber der Erfolg stellte sich nicht ein. Der andere Raucher antwortete bei dem Thema Rauchen immer nur: „Ich bin heute Morgen 60 Kilometer Fahrrad gefahren, das geht noch." Irgendwann, der eine Raucher erzählte wieder von einer neuen Methode, fiel auf, dass der andere gar nicht zum Rauchen vor die Tür ging. Gefragt, ob er denn nicht mehr rauche, war seine trockene Antwort: „Ich bin heute Morgen 80 Kilometer Fahrrad gefahren, da ging noch was." Der eine Raucher erntete regelmäßig ein müdes Lächeln wegen seiner ewigen Vorankündigungen, der andere Respekt, weil er es einfach getan hatte.

Gerade wenn ein Unternehmen bereits mehrere Anläufe genommen hat, die Leistung zu verbessern, und die Ziele stets nicht erreicht hat, dann sollte es diesmal vielleicht auf die Ankündigung verzichten. Es gibt dafür prominente Beispiele, DAX-Unternehmen, die bei den Analysten als notorische Ankündigungstäter gelten.

Der Zugvogel-Prozess ist vorrangig ein interner Prozess. Meistens ist es sinnvoll, erst Ergebnisse zu erzielen und danach eine Erfolgskommunikation zu starten. Das heißt aber nicht, dass Sie sich nicht auf mögliche und wahrscheinliche Anfragen vorbereiten sollten. Ist beispielsweise absehbar, dass es zu Personalmaßnahmen kommen wird, dann sollten Sie dazu eine Pressemitteilung vorbereiten und erst einmal in die Schublade legen. Kommt die Anfrage wirklich, dann nimmt diese Vorbereitung enorm viel Druck aus dem Kessel. Oft reichen wenige Minuten, solche Themen zu identifizieren und anschließend die entsprechenden Informationen in Ruhe aufzubereiten.

Die interne Kommunikation sollte sich vorrangig auf die direkt mit dem Unternehmen verbundenen Personen beziehen. Neben den Mitarbeitern als Hauptzielgruppe gilt es aber auch, die Eigentümer, Aufsichtsräte, Banken und Geschäftspartner zu berücksichtigen.

Der oder die Eigentümer haben jedes Recht, zu erfahren, was im Unternehmen vor sich geht. Wenn der oberste Führungskreis eine Dynamische Lücke in Höhe des Jahresergebnisses errechnet, und daraus ein Programm mit diesem Umfang ableitet, dann ist das bei börsennotierten Unternehmen eine kursrelevante Information mit einer entsprechenden Publikationspflicht. Die meisten Unternehmen unterliegen aber nicht dieser Publikationspflicht und sind dadurch wesentlich freier in ihrer Kommunikation.

Es ist sinnvoll, Eigentümer und den Aufsichtsrat früh einzubinden und die angewandten Methoden zu erklären. Dabei müssen die Geschäftsführung oder der Vorstand behutsam vorgehen: Der ehemalige Seniorchef oder der in den Aufsichtsrat gewechselte Vorstandsvorsitzende haben das Unternehmen lange geprägt – und ihren Teil zum Entstehen des Omertà-Dilemmas und der Mythen beigetragen.

Das ist eine schwierige Situation, die Fingerspitzengefühl erfordert. Das Omertà-Dilemma kann die Unternehmensleitung nur gemeinsam mit dem Eigentümer oder dem Aufsichtsrat auflösen. Eine andere Möglichkeit ist es, die entsprechende Person nimmt am Prozess und den Workshops teil.

Auch wenn der Aufsichtsrat oder die Eigentümer davon unbelastet sind, in jedem Fall hilft es enorm, ihnen die Herleitung der Dynamischen Lücke transparent zu machen und die drei Stoßrichtungen bei den Maßnahmen als Einheit zu präsentieren: Kosten, Wachstum und strukturelle Themen.

Wie reagieren Kunden, Zulieferer und Banken auf die Entwicklungen im Unternehmen? Denken Sie an die Zeitungsmeldung, die durch eine unbedachte Presseinformation ausgelöst wurde. Da kommen Kunden, Zulieferern und Banken schnell mit besorgten Anrufen und der Bitte um persönliche Gespräche auf die Unternehmensleitung zu. Auch hier helfen vorbereitete, auf wenige Sätze zusammengedampfte Argumentationslinien.

Bei Unternehmen mit Ertragsproblemen kann es dagegen sinnvoll und notwendig sein, die angestoßenen Veränderungsprozesse auch extern zu kommunizieren. Im Zentrum steht dabei das Ziel schnelle Rückkehr in die Profitabilität. Die beispielhafte Darstellung einiger weniger besonders schnell wirksamer Maßnahmen erhöht die Glaubwürdigkeit.

An erster Stelle steht immer die interne Kommunikation. Sie hat immer Vorrang vor der externen Kommunikation. Nichts ist demoralisierender für die Mitarbeiter, als beim Frühstück aus der Tageszeitung zu erfahren, dass das eigene Unternehmen vor großen Veränderungen steht. Umgekehrt wird ein Schuh daraus: Gut informierte Mitarbeiter sind die besten Botschafter des Unternehmens nach außen.

Die Mitarbeiterinformation wird immer komplexer, je mehr Mitarbeiter ein Unternehmen hat. In kleinen Unternehmen kann der Geschäftsführer noch alle Mitarbeiter selbst informieren und überzeugen. Sobald wir über Unternehmen mit mehr als 100 Mitarbeitern reden, steht zwischen der Unternehmensleitung und den Mitarbeitern mindestens eine Führungsebene. Diese Führungskräfte gilt es, als Erste zu überzeugen.

Bei komplexeren Organisationen kann es darum sinnvoll sein, in einzelnen oder allen Geschäftsbereichen die nächsten Führungsebenen in Workshops „abzuholen". Sie können – bei entsprechender Vorbereitung und mithilfe entsprechender Materialien – den Schmerz fühlbar machen und den Zielentwurf nachvollziehbar präsentieren. Sie sprechen die Ängste an, stellen die Illusionen und Gewohnheiten infrage. Danach können sie mithilfe der Härtegradlogik mit ihren jeweiligen Teams direkt in die Maßnahmenfindung einsteigen.

Diese Alignment-Kaskade dehnt den Zugvogel-Prozess auf die gesamte Organisation aus (Bild 8.1). Während für die nachfolgende Führungsebene noch ein Workshop sinnvoll sein kann, sinkt die Informationsdichte mit abnehmender Verantwortung, und die konkreten Aufgaben gewinnen an Bedeutung.

Diese Alignment-Kaskade ist deswegen so wichtig, weil sich in den Führungsebenen unterhalb der ersten Ebene entscheidet, ob die Umsetzung funktioniert. Oft als „Lähmschicht" geschmäht, erledigen diese Hierarchieebenen die praktische Umsetzungsarbeit. Sind sie allerdings von einem Programm oder einer Maßnahme nicht überzeugt oder halten sie sie gar für schädlich, haben sie ein umfangreiches Arsenal, die Veränderungsgeschwindigkeit auf null zu verringern. Sie zünden zahlreiche Schubvernichter, die wie ein Treibanker unter der Wasseroberfläche die Geschwindigkeit effizient verringern.

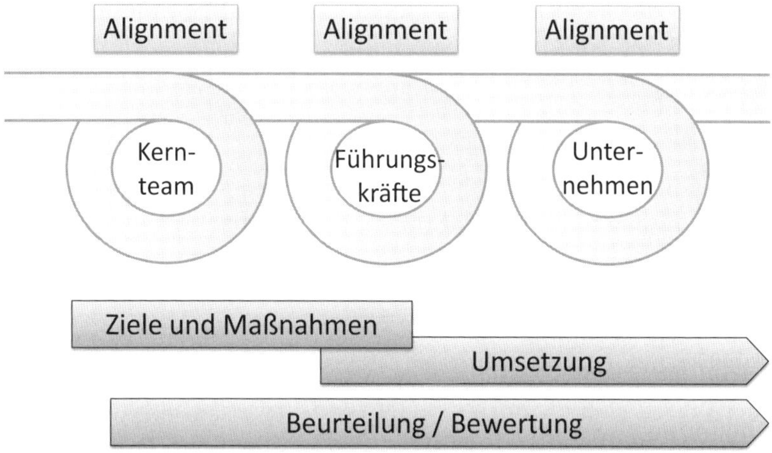


**Bild 8.1** Bei komplexeren Unternehmen erfolgt das Alignment mehrfach in einer Kaskade, um immer größere Teile des Unternehmens einzubeziehen

Da treten plötzlich in zahlreichen Projekten Komplikationen auf, Absprachen werden nicht eingehalten. Obwohl offiziell Prozesse überarbeitet werden sollen, halten sich die Abteilungs- und Gruppenleiter stillschweigend an die „bewährten" Abläufe. Muss das sein?

Nein, denn diese Blockadehaltung ist erlernt: Intransparente Zielsetzungen, womöglich noch von außen vorgegeben, häufig wechselnde Programme, die inkonsequent versanden, und geringe Nachverfolgungsdisziplin der Unternehmensleitung bestärken diese Haltung. Dieses Ausbremsen ist übrigens nicht nur negativ, sondern kann auch als eine Art Immunsystem gegenüber nicht durchdachten oder nicht logisch begründeten Veränderungen von oben gesehen werden.

Erst ein logisch und transparent entwickeltes Ziel schafft die Voraussetzungen, um eine Veränderungsbereitschaft in das Unternehmen zu tragen. Das erreichen wir durch die Methodik der Dynamischen Lücke. Veränderungsprozesse nach dem Zugvogel-Prinzip haben eine klar definierte Dauer, nämlich den Zeitraum, für den die Dynamische Lücke berechnet wurde – häufig zwei bis drei Jahre. Durch die Methoden für die Umsetzungsdisziplin erlebt die Mannschaft eine hohe Konsequenz und Ernsthaftigkeit. Vor allem ermöglicht die reduzierte und transparente Berichterstattung allen Führungskräften, den aktuellen Stand des Veränderungsprojekts zu verfolgen.

Kommunikation ist Führungsaufgabe.

Erinnern wir uns an den Schwarm: Die Gänse schnattern unentwegt während des Flugs. Manche Wissenschaftler bevorzugen die Erklärung, dass sie sich gegenseitig oder die Leittiere an der Spitze anfeuern. Andere sind sicher, dass das Geschnatter dem Alignment dient, dem Halten der Formation. Vielleicht empfinden sie den Flug aber auch einfach nur eintönig und singen Shanties wie die Seeleute auf den Segelschiffen, oder es gehört einfach dazu wie der Sprechgesang des Lauftrainings bei der US-Army. Das Geschnatter, die Kommunikation, erfüllt auf jeden Fall eine wichtige Funktion, um die Formation zu halten.

Aus diesem Grund muss mit dem Team die wichtige Erstkommunikation zu dem Veränderungsprozess erarbeitet werden. Dies ist notwendig, denn in keinem Unternehmen bleibt es unbeobachtet, wenn sich die Unternehmensleitung mit der ersten Führungsebene in einem Workshop zusammensetzt. Zumal in diesen Fällen schon flächendeckend ein unbehagliches Gefühl herrscht, dass Handlungsbedarf besteht.

**VERÄNDERUNGEN VON OBEN NACH UNTEN TRAGEN**

Zugvogel-Schwärme sind nur scheinbar hierarchisch eindeutig geordnet. Vielmehr kann jedes einzelne Tier eine persönliche Richtungsänderung herbeiführen. Das gemeinsame Ziel überlagert alle Miniaturabweichungen. Bei Organisationen führt der Individualismus der Menschen dazu, dass gemeinsames Handeln eine Struktur braucht, um das gemeinsame Zielverständnis zu erreichen. Veränderungsprozesse lassen sich nicht befehlen. Sie müssen von oben nach unten in die Organisation getragen werden. Die wichtigsten Führungsaufgaben bestehen darin, ein gemeinsames Ziel zu vermitteln und mit transparenten Methoden die Formation zu halten. Innerhalb dieses Gerüsts können sich der geballte Ideenreichtum und das hohe Engagement des Einzelnen zielgerichtet entfalten. ■

Wir haben bisher immer idealisierend von einem Workshop gesprochen, in dem wir den Schmerz fühlbar machen, das Omertà-Dilemma überwinden und die ersten Schritte gehen, um die Handlungsbarriere zu durchbrechen. In der Realität gibt es aber immer wieder komplexe Gemengelagen: Führungskräfte, die in Jahren und Jahrzehnten Burgen mit extrem gestaffelten Verteidigungsringen gebaut haben, zwischenmenschliche Konflikte und starke Mythen. Dann kann es durchaus zwei, drei oder vier Workshops dauern, bis die Handlungsbarriere durchbrochen und die Richtung klar wird.

Auch wenn im ersten Workshop zunächst nur kleine Risse erzeugt werden können, kommt unweigerlich die Frage: Was sagen wir jetzt unseren Mitarbeitern?

Fast wie im richtigen Leben kommt hier der Ehrliche am weitesten. Sagen Sie die Wahrheit, nämlich, dass es im Workshop um die zukünftige Ausrichtung des Unternehmens geht, und dass dieser Prozess noch nicht abgeschlossen ist. Punkt. Sie wissen in diesem Stadium gar nicht, wie groß die Maßnahmen sein müssen, Sie wissen nicht, ob Sie Wachstum oder Kosten verfolgen, Sie wissen nicht einmal genau, ob Ihr Team die Handlungsbarriere durchbrechen wird.

Alles, was über die reine Prozesskommunikation hinausgeht – ergebnisoffen an der Ausrichtung zu arbeiten ist hierbei zu empfehlen –, heizt nur die Gerüchteküche an. Manche „Innenpolitiker“ führt das in Versuchung, Fakten zu schaffen. Gleich zu Beginn des zweiten Workshops steht dann einer auf und erklärt, dass die Mannschaft sich jetzt auf ein Wachstumsprogramm eingestellt habe und dass wir diesen Schwerpunkt jetzt verfolgen sollten. Damit versucht er, eine ergebnisoffene Diskussion auf bestimmte Themen zu verengen.

Anders sieht es aus, wenn die Handlungsbarriere durchbrochen wurde, die Maßnahmen definiert sind und die Richtung klar ist. Jetzt geht es darum, eine einheitliche, glaubwürdige und wirksame persönliche Erstkommunikation zu entwickeln.

---

Glaubwürdig die neue Realität darstellen.

---

Dabei kommt schnell der Einwand: „Wir haben jetzt schon seit vielen Jahren die Welt anders dargestellt. Wie können wir glaubwürdig bleiben, wenn wir zugeben müssen, dass die Realität jetzt anders aussieht?“ Die Technologieführerschaft war klar gesetzt, jetzt sind die Wettbewerber plötzlich besser? Unsere Kunden wollen maßgeschneiderte Lösungen, jetzt sollen wir plötzlich Standard anbieten? Wir sind Premium, jetzt sollen wir preiswerter werden?

Ja, das ist ein Problem – aber ein lösbares. Erinnern wir uns an das Frühjahr 2011. Die Bundesregierung hatte kurz vorher eine Laufzeitverlängerung der Kernkraftwerke festgeschrieben. Das Credo, über Jahrzehnte gepflegt, hieß: Wir brauchen die Kernkraft als Übergangstechnologie, sonst gehen in Deutschland die Lichter aus. Dann brach der Tsunami über Japan herein. Die hilflos wirkenden Versuche, die Kernschmelze im Kraftwerkskomplex von Fukushima aufzuhalten, beherrschten tagelang die Nachrichten.

Die Kanzlerin verkündete unter diesem Eindruck kurz entschlossen die Energiewende und den Ausstieg aus der Kernenergie – die noch wenige Monate zuvor als unverzichtbar galt. Ein halsbrecherisches Wendemanöver, das vorher als nicht kommunizierbar erschien. Die Begründung war knapp, nahm die Ängste auf, zeigte einen Zukunftsentwurf und vermittelte eine persönliche Betroffenheit. Was wir hier erlebt haben, war eine klassische „Elevator Speech“, die ein Anliegen auf den Punkt bringt und selbst schwierige Entscheidungen nachvollziehbar vermittelt.

## 8.2 Das „Wie“ entscheidet

### Die Elevator Speech – oder die 30-Sekunden-Chance

Stellen Sie sich vor, Sie steigen in einen Aufzug, und kurz bevor sich die Tür schließt, steigen wahlweise der Eigentümer, ein Journalist oder ein Mitarbeiter dazu. Dann kommt die Frage: Na, was passiert denn aktuell im Unternehmen? Sie haben jetzt 30 bis 60 Sekunden Zeit, Ihre Botschaft abzusetzen, dann öffnet sich die Fahrstuhltür wieder und die Chance zur Kommunikation ist vorbei. Das ist die Grundsituation.

Nahezu alle größeren Unternehmen trainieren die Elevator Speech regelmäßig mit ihren Führungskräften. Das Ziel ist es, eine komplexe Botschaft verständlich auf weniger als eine Minute zu komprimieren und zu vereinfachen. Dazu folgt sie einer klaren Struktur.

- Was ist der Stand/unser Problem?
- Was sind die Konsequenzen?
- Was ist das Ziel?
- Warum ist das mein persönliches Anliegen?
- Warum brauche ich Sie dazu?

Die Elevator Speech beginnt mit der **Einwandsbehandlung,** indem sie die Ausgangssituation klarmacht: Der Wettbewerb ist härter geworden und unsere Konkurrenten haben aufgeholt. Unsere Kunden sind nicht mehr bereit, für Funktionen zu bezahlen, die sie nicht brauchen.

**Die Konsequenzen:** Wenn wir uns jetzt nicht ändern, werden wir in drei Jahren Verluste machen. Wir müssen darum wieder schneller und besser als unsere Wettbewerber werden. An dieser Stelle kann auch schonungslose Ehrlichkeit sinnvoll sein: Wenn wir jetzt nicht handeln, wird das Unternehmen untergehen.

**Das Ziel:** Wir wollen das Unternehmen für die Zukunft fit machen und die Arbeitsplätze/Wachstum/Gewinne langfristig absichern.

**Meine Betroffenheit:** Ich arbeite seit vielen Jahren in diesem Unternehmen, und ich weiß, dass wir viel besser sein könnten, als wir es aktuell sind. Jetzt müssen wir alle Ideen des Unternehmens bündeln und die richtigen Maßnahmen finden.

**Warum brauche ich Sie?** Nur gemeinsam können wir diese Aufgabe meistern und die Zukunft unseres Unternehmens sichern.

So weit eine generische Elevator Speech. In der Realität soll die Elevator Speech die konkrete Situation spitz wiedergeben und auf verschiedene Zielgruppen angepasst werden. Dazu muss die Kernaussage dieser Speech mit dem gesamten Führungsteam entwickelt und mit den Teilnehmern eingeübt werden. Ein Tipp: Wann immer Sie eine solche Kurzargumentation vorbereiten, üben Sie sie zunächst mit Ihrem Ehepartner oder anderen Vertrauenspersonen ein. Das gibt Sicherheit und Praxis.

### Sachlich und emotional kommunizieren

Schauen Sie sich einmal TV-Werbung an. Sie mag nervig sein, aber sie wirkt offensichtlich, denn sonst würden die Unternehmen nicht so viel Geld darin investieren. Diese Werbung beherzigt zwei Grundmuster: Weg von einem ungewollten Zustand und hin zu einem idealen Zustand. Diese beiden Richtungen spielt die Werbung auf zwei Ebenen: der sachlichen und der emotionalen (Bild 8.2).

Machen wir das an zwei Beispielen fest: Ich will keine Schuppen mehr auf meinem Anzug haben. Das ist die sachliche Weg-von-Ebene. Die

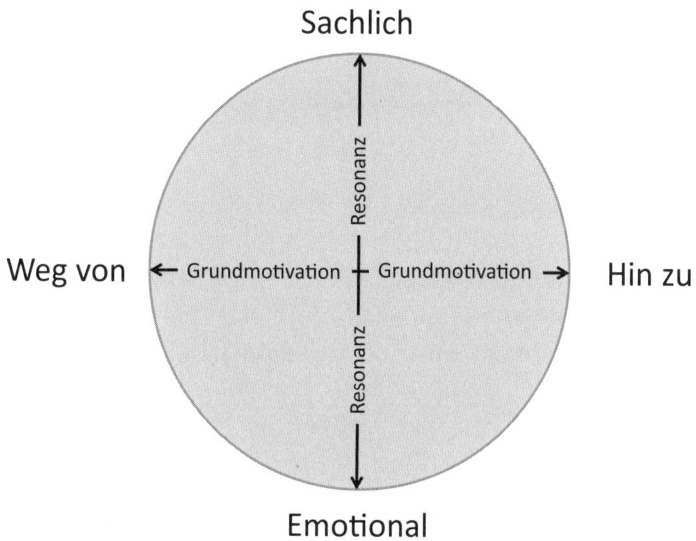


**Bild 8.2** Ein einfaches Modell der Überzeugungskommunikation, das Verstand und Emotionen anspricht

Situation des Werbespots vermittelt die emotionale Botschaft: Ohne Schuppen bin ich für Frauen attraktiver.

Die Hin-zu-Ebene funktioniert nach dem gleichen Prinzip. Ich will perfekt gespülte Gläser haben - sachlich -, dann klappt es auch mit dem Nachbarn - emotional.

Diese, zugegeben sehr vereinfachte, Argumentationsstruktur greift in 30-Sekunden-Spots. Das können Führungskräfte auch auf ihre persönliche Kommunikation übertragen:

„Wir haben in den letzten beiden Jahren zusammen x Millionen Euro Verlust gemacht und unser Eigenkapital zu 75 Prozent aufgebraucht" (sachlich weg von).

„Wenn wir so weitermachen, fahren wir die Firma an die Wand, und dann ist Schluss" (emotional weg von).

„Wir wollen zusammen mit aller Kraftanstrengung wieder nach ganz vorne kommen und unsere Firma sicher machen" (emotional hin zu).

„Und wenn wir unsere Maßnahmen durchgeführt haben, dann werden wir mit x Millionen Euro Ergebnis in zwei Jahren wieder eine Eigenkapitalquote von 45 Prozent haben“ (sachlich hin zu).

## Auf die Sprache kommt es an

Manche Geschäftsführer erreichen bei Mitarbeiteransprachen und -gesprächen schon rein sprachlich die Zielgruppe nicht. Da werden Anglizismen eingestreut, abstrakte Formulierungen gewählt, und die eigene Persönlichkeit wird so weit wie möglich herausgenommen. „Wir müssen eine Performancesteigerung erreichen und dazu die Customer Satisfaction durch just in time im obersten Zentil optimieren.“

Solche Sprachakrobatik ist nicht die Ausnahme, sondern die Regel. Beginnen wir mit den Anglizismen. Um noch einmal mit Meister Yoda zu sprechen: „Der einfache, der schnellere, der verlockendere Weg das ist.“ Die Werbe- und Beraterbranche machen uns seit Jahrzehnten vor, wie auch banalste Zusammenhänge durch einen schmissigen englischen Begriff Wichtigkeit erlangen. Execution Excellence hört sich neidlos gut an, meint aber nichts anderes als: Was wir tun, tun wir richtig gut.

Es geht uns nicht darum, Anglizismen zu verdammen. Innerhalb eines Kreises von höheren Führungskräften, bei denen jeder die Begriffe und die Konzepte dahinter kennt, sind sie hervorragend aufgehoben. Aber in dem Augenblick, in dem wir Menschen ansprechen, die nicht täglich mit diesen Begriffen hantieren, verlieren wir deren Aufmerksamkeit – und vergeben eine Kommunikationschance. Wir empfehlen dazu gerne eine Übung: Versuchen Sie, Ihren Partner mit einer Liebeserklärung in der Managementsprache zu überraschen – und seien Sie auf die Reaktion gespannt …

Beim Zugvogel-Prinzip haben wir nur eine Handvoll Begriffe, für die es nur ungelenke deutsche Entsprechungen gibt, wie Alignment oder Elevator Speech. In den allermeisten Fällen werden Anglizismen ohne

Rücksicht auf die Zielgruppe aus Gedankenlosigkeit eingestreut. Oder wie ein Kommunikationstrainer einmal sagte: „Wenn wir etwas nicht wirklich verstanden haben, dann fällt uns das im Gespräch schmerzlich auf. Mit englischen abstrakten Begriffen tut es nur weniger weh.“ Achten Sie bei sich selbst einmal darauf.

Das zweite Problem ist die Abstraktion. Vielleicht liegt es an der Ausbildung, vielleicht an der Art, wie die Führungskräfte miteinander und mit den Kunden kommunizieren. Abstraktion hat immer den Vorteil, daraus keine eindeutigen Handlungsanweisungen ableiten zu können. Dadurch bleiben immer Hintertüren geöffnet, und die Position kann ohne Gesichtsverlust später angepasst werden.

Genau das ist auch der Nachteil einer hohen Abstraktionsebene. Wie viel Prozent einer Belegschaft verstehen einen solchen Satz: „Wir müssen eine Performancesteigerung erreichen und dazu die Customer Satisfaction durch just in time im obersten Zentil optimieren.“ Was will mir der Geschäftsführer damit sagen?

Eigentlich wollte er sagen: „Wir müssen besser und schneller als die Konkurrenz werden. Das schaffen wir nur, wenn unsere Kunden mit uns zufrieden sind. Die Kunden müssen sich darauf verlassen können, dass unsere Produkte am Montagmorgen um neun Uhr bei ihnen auf dem Hof stehen, wenn sie für Montag früh neun Uhr bestellt waren.“

Einfache Konzeptsätze, eine Übertragung auf nachvollziehbare Alltagslogiken und plastische Beispiele: Das sind die Zutaten für eine erfolgreiche persönliche Kommunikation. Das ist eine Aufgabe, die jede Führungskraft immer wieder fordert. Sie ist gerade in Veränderungsprozessen wichtig, weil es darauf ankommt, aus Betroffenen Beteiligte zu machen.

**KONZEPTSÄTZE**

Konzeptsätze sind kurze und einprägsame Sätze, die einen komplexen Zusammenhang knapp zusammenfassen und die der Zuhörer sich besonders leicht merken kann. Konzeptsätze sind daher entweder witzig, enthalten einen vermeintlichen Widerspruch oder eine überraschende Wendung. Beispiele dafür sind: „Entschuldigen heißt, ich werde es wieder tun“ oder: „Was funktioniert, passiert wieder.“ Konzeptsätze haben daher eine große Wirkung auf die Zuhörer.

## 8.3 Die Macht der Kommunikation

### Erst den Prozess, dann Inhalte kommunizieren

In diesem ersten Stadium des Veränderungsprozesses ist die Richtung schon einmal festgelegt, aber keine Inhalte. Also geht es erst einmal darum, zu erklären, wie der Prozess abläuft: Wir haben ein Problem entdeckt, und dieses Problem hat eine Größenordnung, die wir selbst berechnet haben. Wir gehen an die Ursachen und suchen Lösungen. Dazu nutzen wir auch neue Methoden und lassen ungewöhnliche Ideen zu.

Erst wenn sich Inhalte konkret abzeichnen, die ersten Maßnahmen von Härtegrad 2 in den Härtegrad 3 aufsteigen, dann wandelt sich die Kommunikation. Jetzt ist es an der Zeit, die Erfolge zu beschreiben, erst kleine und dann immer größere. Das motiviert die Engagierten und mildert die Ängste bei allen anderen, denn sie sehen Bewegung in die richtige Richtung.

### Mythen überschreiben und neue Realitäten leben

Der Zugvogel-Prozess ist eine gute Gelegenheit, bestehende Kommunikationsmuster im Unternehmen zu hinterfragen und vielleicht an der einen oder anderen Stelle durch neue zu ersetzen. Genau dazu tragen die neuen Erfolgsgeschichten bei. Wir hatten beim Thema Omertà-Dilemma bereits die Mythen und Heldengeschichten eines Unternehmens aufgegriffen. Bisheriges Handeln und die bisherige Kommunikation haben zu diesen Mythen und Heldengeschichten geführt.

„Wir haben bisher jede Krise überlebt, weil wir immer noch eine Innovation aus dem Ärmel gezückt haben. Immer wenn es dunkel geworden ist, hat uns ein unerwarteter Großauftrag gerettet.“ Diese Mythen ruhen tief im kollektiven Gedächtnis der Unternehmen und lassen sich mit rationalen Argumenten nur schwer widerlegen. Mythen beruhen auf festen Überzeugungen. Es sind verallgemeinerte Aussagen über Ereignisse, bei denen entweder bestimmte Umstände getilgt oder in einen anderen Zusammenhang gestellt werden.

Die einzig wirkungsvolle Methode ist es, sie zu überschreiben. Wir haben schließlich neue Erfolgsfaktoren gefunden, die das Überleben sichern: Das neue Produkt ist ein voller Markterfolg, nicht weil es besonders innovativ ist, sondern weil es ein hervorragendes Preis-Leistungs-Verhältnis hat. Der Auftragseingang steigt nicht, weil wir einen Großkunden gewonnen haben, sondern weil wir systematisch kleine und mittlere Kunden abklappern. Und die bleiben uns nur treu, wenn wir schnell und pünktlich auch viele kleine Lieferungen zustellen können.

Dieses Überschreiben funktioniert allerdings nur, wenn Inhalte und Erfolge nachprüfbar vorhanden sind. Das neue „Maschinchen“ ist putzig, aber doch nicht wirklich innovativ? Das muss es auch gar nicht sein, denn es hält das Unternehmen über Wasser, bis wir eine bahnbrechende Innovation haben – so lange konzentrieren wir uns auf das, was wir offensichtlich auch gut können: Maschinen mit einem guten Preis-Leistungs-Verhältnis. Je länger die Innovation auf sich warten lässt, desto mehr verblasst der alte Mythos. Vorausgesetzt, ein neuer Mythos tritt an seine Stelle. Auch wenn es den Kommunikatoren des Unternehmens schnell langweilig wird: Nur gebetsmühlenartiges Wiederholen schleift neue Mythen ein.

## Neue Helden schaffen

Schauen Sie sich einmal Filme aus den 1950er- und 1960er-Jahren an. Die adrette Hausfrau Doris Day, der junge Sean Connery als Superagent oder der „Alte“ als Inbegriff des deutschen Kriminalbeamten. Die Helden der damaligen Zeit, unserer Großeltern und Eltern, scheinen so antiquiert, so weit weg, so unzeitgemäß. Diese Heldengestalten wurden in Tausenden von Filmen überschrieben, Doris Day wurde ersetzt durch Lara Croft, der Playboy Sean Connery durch den gebrochenen Daniel Craig und der „Alte“ durch immer neue junge Kommissare, die vor allem gegen ihr Beamtentum rebellieren. Heldengeschichten sind in der Unterhaltungsindustrie immer ein Spiegel der Zeit, und die Helden kämpfen wahlweise für die Freiheit, die Umwelt oder soziale Gerechtigkeit. Die Muster bleiben gleich, aber die Botschaften, wofür ein Held kämpft, ändern sich.

Das gilt auch in Unternehmen: gleiche Muster, unterschiedliche Ziele und Verhaltensweisen. In Unternehmen entscheidet die persönliche Kommunikation der Unternehmensleitung darüber, wer ein Held ist und welches Verhalten dazu notwendig ist.

Bislang galt der Projektleiter als Held, dessen beinahe gescheitertes Projekt auf der Zielgeraden in letzter Minute mit einem sehr hohen Arbeitseinsatz doch noch erfolgreich abgeschlossen werden konnte. Die anderen Projekte, die ordentlich liefen, bekamen dagegen keine besondere Aufmerksamkeit der Unternehmensleitung. Wozu auch? Wenn wir aber das Verhalten ändern wollen, also in Zukunft Projekte gut planen und krisenfrei abwickeln wollen, dann müssen wir die Aufmerksamkeit verlagern.

Ein Unternehmen will von nun an nur noch Wiederholungsgeschäfte mit Seriencharakter annehmen, weil die Sonderlösungen unter dem Strich kein Geld einbringen? Was ergibt eine Auswertung der Presseinformationen und der Mitarbeiterzeitschrift? Dort werden fast nur Sonderprojekte vorgestellt, die technisch durchaus anspruchsvoll sind, aber kein Folgegeschäft nach sich ziehen. Andererseits kann man den Protokollen der Geschäftsleitungssitzungen entnehmen, dass diese Sonderanfertigungen ein Vielfaches der Zeit einnehmen, als ihrem Anteil an Umsatz und Gewinn entspricht.

Genau das wollen wir umdrehen: Die Unternehmensleitung lenkt die Aufmerksamkeit systematisch auf die unauffälligen Projekte. Das gilt für die eigene Aufmerksamkeit genauso wie für die der Unternehmensöffentlichkeit. Ein Projekt läuft nach Plan? Die entsprechende Führungskraft stellt es in der nächsten Führungskreisbesprechung vor. Eine Aufgabe ohne besondere Vorkommnisse pünktlich abgewickelt? Das Team bekommt eine Seite in der Mitarbeiterzeitschrift. Fünf neue Kunden für ein Serienprodukt? Das ist ein Mehrteiler in den Führungsrunden und der Mitarbeiterzeitschrift: Wie beherrschen wir die Qualität, die engen Zeitfenster, wie können wir die Kosten bei einer Großserie senken?

Und was passiert mit den alten Helden? Denen entziehen wir Aufmerksamkeit und die große Bühne. Es gibt Schwierigkeiten bei diesem Projekt? „Dann sprechen Sie das mit Ihrem direkten Vorgesetzten durch, der informiert mich als Geschäftsführer anschließend.“ Rumpelnde Projekte bekommen keine Abschlussfeier mit der Geschäftsleitung, keine Gelegenheit, sich öffentlich darzustellen. Sonderprojekte verschwinden konsequent aus der Mitarbeiterzeitschrift und der Pressearbeit, wenn sie denn überhaupt noch genehmigt werden. Außerdem bekommen sie einen festen Platz in der Geschäftsleitungssitzung – den vorletzten vor „Verschiedenes“.

### Auf die Abwartenden konzentrieren

Bei jedem Veränderungsprozess gibt es drei mögliche Reaktionen von Führungskräften und Mitarbeitern. Da sind die Begeisterten, die schon lange darauf gewartet haben, dass die Probleme endlich angegangen werden. Sie stehen eindeutig positiv den Veränderungen gegenüber und wollen sofort mitarbeiten und sie umsetzen.

Am anderen Ende der Skala sind die Mitarbeiter, die diese – wie auch jede andere – Veränderung grundsätzlich ablehnen. Kennen Sie noch die *Muppet Show*? Dort saßen in der Loge zwei ältere Herren, die immer motzten: Waldorf und Statler. Ihnen gefiel rein gar nichts von dem, was auf der Bühne geboten wurde. Waldorf und Statler gibt es in jedem Verein und in jedem Unternehmen, oft auch im Führungskreis. Sie kritisieren alles und werden nie einen produktiven Beitrag leisten.

Die überwiegende Mehrheit nimmt erst einmal eine abwartende Haltung ein. Sie will wissen, was das Veränderungsprojekt in der Praxis bedeutet und wie sich die Veränderung auf sie und ihr direktes Umfeld auswirkt.

### Dem Rebellen keine Aufmerksamkeit schenken

Welche ist unsere Hauptzielgruppe bei der persönlichen Kommunikation? Stellen Sie sich eine Familie mit drei Kindern vor. Eines der Kinder ist, sagen wir einmal, etwas rebellisch. Es stellt jede Regel infrage, und die modernen Eltern nehmen sich jedes Mal die Zeit, um geduldig den Sinn dieser Regeln zu erklären. Stunden über Stunden diskutieren sie mit dem „Rebellen“, der damit die Aufmerksamkeit der Eltern exklusiv auf sich lenkt. Es ist vielleicht eine negative Aufmerksamkeit, aber die Methode funktioniert.

Die beiden Geschwister, die die Regeln einfach akzeptieren, sind nur Zuschauer. Selbst wenn sie die Regeln übererfüllen, erreichen sie nie die Aufmerksamkeit der Eltern in dem Maße wie der „Rebell“. Das könnten sie nur, wenn sie sich ebenfalls gegen die Regeln auflehnen …

Das Streben nach Aufmerksamkeit ist allzu menschlich, bei Kindern wie bei hochkarätigen Führungskräften. Wenn negatives Verhalten eine größere Aufmerksamkeit erregt als positives Verhalten, etabliert sich ein falsches Belohnungssystem. Außenstehende erkennen das schnell, die Beteiligten sind oft so tief in der Situation, dass sie diesen Mechanismus gar nicht mehr wahrnehmen.

Für das Kommunikationsverhalten im Zugvogel-Prinzip heißt das: Werten Sie die Waldorfs und Statlers, die notorischen Neinsager, nicht auf. Versuchen Sie nicht, sie zu überzeugen, schenken Sie ihnen keine Aufmerksamkeit, die Sie den anderen dann nicht mehr geben können. Gegen sie vorzugehen ist auch eine Form von hoher Aufmerksamkeit. Diesen Fehler begehen Mittelständler oft, wenn sie in einem Konflikt mit dem Betriebsrat stehen. Sie eskalieren die Situation, statt sie auf die sachliche Ebene zurückzuführen.

Gehen Sie zuerst auf die Enthusiasten zu, die Veränderungen gegenüber aufgeschlossen sind. Geben Sie ihnen Aufgaben, damit sie ihre Energie sofort produktiv umsetzen können. Schenken Sie ihnen positive Aufmerksamkeit, um sie zu bestärken und um sie zu den neuen Helden zu machen. Das erfordert übrigens viel weniger Zeit und Energie als die Diskussionen mit den Verhinderern.

Damit haben Sie immer noch ein großes Zeitkontingent, das sie auf die schweigende Mehrheit richten können. Das sind die Führungskräfte und Mitarbeiter, die erst einmal die weitere Entwicklung abwarten. Ist der Veränderungsprozess ein Strohfeuer oder verändert er wirklich etwas?

Diese Mehrheit erkennt genau, welche Strömung die meiste Aufmerksamkeit der Geschäftsführung bekommt. Ist es die, die im Tagesgeschäft Veränderungen ausbremst, oder die, die Veränderungen anpackt und umsetzt? Anders gefragt: Bekommt das rebellische Kind die Aufmerksamkeit der Eltern oder das Kind, das ohne Widerspruch gute Noten nach Hause bringt?

### Führungskräfte auf Kommunikationsaufgaben vorbereiten

Je nach Unternehmensgröße kann die gesamte Führungsmannschaft am Zugvogel-Workshop teilgenommen haben oder auch nur die erste und zweite von vier oder fünf Führungsebenen. Das entscheidet auch über das weitere Vorgehen bei der Kommunikation.

Bei einer flachen Hierarchie und einer überschaubaren Zahl von Mitarbeitern können die Workshop-Teilnehmer direkt die Ergebnisse und die neuen Methoden des Workshops übertragen. Neben der reinen Sachinformation sollten sie dabei immer auch die emotionalen Faktoren berücksichtigen: Angst, Illusion und Gewohnheit.

Jede Führungskraft tut sich damit wesentlich leichter, wenn sie auf ein speziell dazu aufbereitetes Informationspaket zurückgreifen kann. Dazu reichen einige wenige Folien, die Ausgangssituation, Konsequenzen, Ziele und Möglichkeiten der Mitarbeit darstellen. Als hilfreich erweisen sich Listen mit den zu erwartenden Fragen und den Antworten darauf. Das hilft aber nur, wenn die Antworten aus Mitarbeitersicht formuliert werden und leicht verständlich sind - Managementsprache ist hier falsch.

### Feedbackmöglichkeiten für Mitarbeiter einrichten

Die persönliche Führungskommunikation sendet die entscheidenden Signale an die nächsten Führungsebenen und die Mannschaft aus. Kommunikation ist aber nie eine Einbahnstraße. Es ist hilfreich, in die Organisation hineinzuhören. Wir empfehlen daher, Möglichkeiten des Feedbacks einzurichten.

Geben Sie den Mitarbeitern einfache Möglichkeiten, ihre Meinung zu äußern, Vorschläge zu machen und Kritik zu üben. Lassen Sie sich dabei nicht von Technik blenden! Kommunikationskonzepte, bei denen per Intranet oder sogar per eigens eingerichteter Facebook-Gruppen die Mitarbeiter zur Kritik aufgefordert werden, finden zumeist wenig Anklang. Mitarbeiter wissen, dass jede E-Mail, jeder Facebook-Eintrag nachverfolgbare digitale Spuren hinterlässt. Und in Unternehmen, in denen ein großer Anteil der Beschäftigten im gewerblichen Bereich ohne eigene E-Mail-Adresse arbeitet, ist dieser Ansatz ein wunderbares Beispiel für eine Zweiklassengesellschaft. Manchmal ist der gute alte „Kummerkasten“ einfach die langweilige, aber bessere Lösung.

### VON „SKIP LEVEL LUNCHES“ UND HÖFLICHKEIT

In einem sehr hierarchisch strukturierten Industrieunternehmen hatten die Geschäftsführer ein eigenes Kasino, in dem sie jeden Mittag ein Drei-Gänge-Menü einnahmen. Direkte Gespräche zwischen Geschäftsleitung und normalen Mitarbeitern oder niederen Führungskräften fanden nie statt. Da hatte die Kommunikationsabteilung die Idee, dass der Geschäftsführer alle vier Wochen einen „normalen“ Mitarbeiter zu einem „Skip Level Lunch“ in eben dieses Kasino einlädt.

Diese Aktion wurde in der Mitarbeiterzeitung angekündigt, und vom ersten gemeinsamen Mittagessen wurden schöne Fotos gemacht. Das Mittagessen selbst war eher peinlich und von einem Monolog des Geschäftsführers über den Weltmarkt geprägt. Danach versuchte die Kommunikationsabteilung gemeinsam mit der Personalabteilung – unter Hinzuziehung der Produktionsleitung – weitere Mittagessen zu organisieren. Der Krankenstand der Eingeladenen erreichte in den nächsten Monaten 100 Prozent.

In einem anderen Unternehmen stand ein Tag der offenen Tür an. Die Geschäftsleitung antwortete auf die Frage, welche Rolle sie dabei spiele: „Wir sind die Gastgeber.“ Und was macht ein Gastgeber? Da müssen wir wohl eine Rede halten. Was halten Sie davon, alle Mitarbeiter und ihre Familien mit Handschlag zu begrüßen? Stille! Dann erarbeiteten drei Geschäftsführer einen detaillierten Zeitplan im 15-Minuten-Rhythmus, wer denn wann diese vermeintlich undankbare Aufgabe übernehmen solle.

Der Tag der offenen Tür begann um neun Uhr. Ab zehn Uhr hielt sich kein Geschäftsführer mehr an den Zeitplan – alle drei standen mit Begeisterung am Werkstor und begrüßten die Mitarbeiter und ihre Angehörigen.

Hinterher erzählten alle drei von überaus angenehmen Gesprächen und Begegnungen. Das führte so weit, dass seit diesem Zeitpunkt jeweils einer der Geschäftsführer täglich auf zufälligem Weg durch die Produktion ging und die Mitarbeiter in Gespräche verwickelte, ob sie wüssten, was aktuell im Unternehmen vor sich geht.

Die Moral von der G'schicht: Kommunikation ist eine Führungsaufgabe, und Kommunikation ist Führung. ■

## Literatur

Bruhn, Manfred; Boenigk, Michael: *Integrierte Kommunikation*. Gabler 1999

Dörfel, Lars; Hinsen, Ulrich E. (Hrsg.): *Führungskommunikation. Dialoge. Kommunikation im Wandel - Wandel in der Kommunikation*. scm prismus Communications 2009

O. V.: „Die Krise als Chance“. In: *Lebensmittel-Zeitung*, 22. September 2006

Tödtmann, Claudia: „Die Geheimniskrämer“. In: *Handelsblatt*, 17. September 2008

# 9 Schwarmintelligenz und Führungskompetenz kombinieren

*Wer fliegt an der Spitze des Schwarms –*
*oder wie werden Veränderungsprozesse*
*erfolgreich durchgesetzt?*

## 9.1 Aus sich selbst heraus steuern

Ob bei Tag oder Nacht, bei Sturm oder sengender Hitze, beim Flug über die Alpen oder über die nahrungsreiche Poebene: Der Zugvogel-Schwarm bleibt zusammen. Bei Attacken durch Raubvögel fliegen sie komplexe Ausweichmanöver oder schließen die Angreifer ein, sodass sie den Auftrieb verlieren. Erst am Ziel teilen sie sich auf.

Bei Menschen ist eine solche Disziplin alles andere als selbstverständlich, sie ist eher die Ausnahme. Es gibt Führungsaufgaben, um die wir niemanden beneiden. Lehrkräfte beispielsweise, die eine Klassenfahrt mit 16-jährigen Schülern begleiten müssen. Schäferhund ist da wohl die passendste Aufgabenbeschreibung. Ständig drohen sich einzelne Schüler von der Gruppe zu entfernen. Die Gruppe entwickelt kein gemeinsames Tempo. Andauernd müssen die Lehrkräfte die jungen Leute an der Spitze ermahnen, langsamer zu gehen, und die am Ende, sich doch bitte ein bisschen zu beeilen.

Die Hoffnung, dass sich die Schüler und Schülerinnen gegenseitig disziplinieren, erfüllt sich erfahrungsgemäß eher nicht. Viel wahrscheinlicher ist, dass die Streitschlichtungsfähigkeiten der Lehrkräfte an ihre Grenzen geführt werden. Vor allem ist es cool, gegen die Autorität anzukämpfen und immer wieder die Grenzen auszutesten.

Die pädagogischen Ziele der Klassenfahrt, etwas über Land und Leute, über Geschichte oder Natur zu lernen, sind fremd vorgegeben. Bis auf wenige Ausnahmen verfolgen die Schülerinnen und Schüler in der Regel drei andere Ziele: Party, Party, Party.

**SCHWARMINTELLIGENZ**

Schwarmintelligenz ist die Selbstorganisation eines Systems mit einfachen Regeln und ökonomischer Ausrichtung. Fast 20 Jahre haben Wissenschaftler nach den Regeln gesucht, nach denen sich ein Zugvogel-Schwarm in der V-Formation organisiert.

Dabei reduzierten sie die anfangs komplexen Regelwerke immer weiter, bis nur noch zwei Grundregeln ausreichten, um aus jeder Ausgangskonfiguration eine V-Formation zu bilden:

- Nutze den Auftrieb, der durch den Flügelschlag eines vor dir fliegenden Vogels verursacht wird.
- Suche dir eine Position, von der aus du ungestört nach vorne blicken kannst.

Auch nach einer Störung, beispielsweise durch Raubvögel, reichen diese beiden Prinzipien für den Schwarm aus, um unmittelbar wieder ein V zu bilden. ■

Damit eine Gruppe bei einer fremd vorgegebenen Aufgabe zielorientiert zusammenarbeitet, braucht sie entweder Druck von außen oder eine Belohnung. Erst wenn der Druck so hoch ist, dass die Folgen schwerer wiegen als die Anstrengung, arbeiten die Individuen zusammen. Oder es winkt eine Belohnung, die höher ist als die Kosten für gemeinschaftliche Arbeit. Zu diesem Thema gibt es eine Vielzahl komplexer Forschungen, einige sogar mit dem Nobelpreis ausgezeichnet.

Abgesehen davon, dass diese Forschungen komplex sind, verfolgt das Zugvogel-Prinzip einen anderen Ansatz, auf den wir immer wieder zurückkommen. Stellen wir uns vor, die Schulklasse, die ihre Begleitlehrer an den Rand des Nervenzusammenbruchs getrieben hat, hat sich bei einem Geocaching-Wettbewerb, vor der massenhaften Verbreitung von Smartphones und GPS-Geräten hieß das Schnitzeljagd, angemeldet.

Selbst gesetzte Ziele verändern Verhalten.

Jetzt greifen plötzlich andere Mechanismen als bei der Klassenfahrt: Die Alphatiere, die in der einen Situation eher die Funktion der Rädelsführer für größtmöglichen Blödsinn ausfüllten, fangen jetzt an, auf die Einhaltung von Regeln zu pochen. Die schnelleren Schüler wirken mehr oder weniger subtil auf die langsameren ein, sich zu beeilen, und es entsteht schnell ein ziemlich hoher Gruppendruck. Die Gespräche drehen sich nicht mehr nur noch um Party, sondern immer intensiver darum, wie die Gruppe gewinnen kann. Kurz gesagt: Bei einem selbst entwickelten Ziel arbeiten Menschen freiwillig zusammen und bringen ihre Stärken ein.

**SCHWARMINTELLIGENZ IN DER PRAXIS**

Schwarmintelligenz kann neben den Zugvögeln an einigen Beispielen aus der Tierwelt verdeutlicht werden, unter anderem bei Ameisen. Ameisenkolonien sind ein Musterbild für ein scheinbar chaotisches, in Wirklichkeit aber überaus durchorganisiertes System. Die einzelnen Ameisen haben nur eine sehr geringe Intelligenz. Dennoch zeigen sie bei ihrer Suche nach Nahrungsquellen ein Verhalten, das der Wegeoptimierung eines großen Fuhrparks ähnlich ist.

Jede Ameise geht einen zufälligen, eigenen Weg, bis sie eine Nahrungsquelle findet. Auf dem Rückweg dokumentiert sie ihren Weg durch Duftmarkierungen. Es ist üblich und wahrscheinlich, dass mehrere Ameisen die gleiche Nahrungsquelle auf unterschiedlichen Wegen finden.

Die rückkehrenden Ameisen melden ihre Beute, und weitere Ameisen folgen der Duftspur zur Nahrung. Zunächst benutzen die Ameisen mehrere Wege, da sie nicht wissen können, dass es sich um dieselbe Nahrungsquelle handelt. Diese Wege können sich auf Teilstrecken überschneiden oder kreuzen. Bei jeder Rückkehr in den Ameisenhaufen scheiden die Ameisen Duftstoffe aus.

Je schneller der Weg ist, desto mehr Ameisen können in der gleichen Zeit hin- und zurücklaufen, desto stärker wird die Duftspur. Wenn die einzelnen Wege sich kreuzen, sammeln die jeweils schnellsten Teilstrecken die intensivsten Duftspuren. Das Ergebnis: eine durch Schwarmintelligenz perfekt optimierte Streckenführung.

Diese Algorithmen werden mittlerweile kommerziell verwendet, um Zubringerrouten zu Großbaustellen oder Transportwege in der Produktion zu optimieren.

Die selbständige Organisation der Zugvögel ohne Eingriff einer zentralen Steuerung, also ohne Manager, ist als Vorbild für die Steuerung eines Unternehmens sehr interessant. Schwarmsimulationen mit Hochleistungscomputern zeigen, dass die notwendige Rechenkapazität quadratisch zur Schwarmgröße ansteigt. Ausgehend von einem einzelnen Zugvogel erfordert ein Schwarm von zehn Zugvögeln schon die 100-fache Kapazität, bei 100 Individuen schon die 10.000-fache. Damit stoßen auch die leistungsfähigsten Rechner bei größeren Schwärmen schnell an ihre Grenzen, und Entscheidungen, zum Beispiel über einen Richtungswechsel, würden immer langsamer.

In größeren Organisationen wirken Zentrifugalkräfte.

Das geht Managern nicht anders. Wer eine Abteilung von zehn Personen leitet, kommt in der Regel durchaus noch dazu, schnelle Entscheidungen zu treffen, die Mitarbeiter zu motivieren und selbst konzeptionell zu arbeiten. Wer aber 100 Mitarbeiter direkt führen soll oder will, wird schnell die Grenzen seiner Kapazität erreichen. Er wird nur noch damit beschäftigt sein, die Formation zu halten – und, bis auf wenige Ausnahmen, an dieser Aufgabe scheitern.

Jetzt haben wir schon zwei Variablen für gemeinsames, zielgerichtetes Handeln einer Gruppe: die Art des Ziels, fremd vorgegeben oder selbst gewählt, und die Komplexität durch die Zahl der Teammitglieder. An dem einen Extrem stehen die Start-up-Unternehmen: Sie identifizieren sich in einem hohen Maß mit dem Ziel, eine Idee zum Erfolg zu führen. Es sind kleine Teams, vielleicht zehn bis 20 Mitglieder. Bei dieser Konstellation ist der Koordinationsaufwand minimal und der „Chef" sieht sich mehr als „Primus inter Pares", als Erster unter Gleichen.

Mit dem Erfolg wächst die Organisation und damit der Koordinationsaufwand. Gibt es in dem Unternehmen in dieser Phase einen wohlmeinenden Mentor und einen beratungsfähigen Gründer, dann werden ab der Größenordnung von 40 bis 50 Mitarbeitern behutsam erste Hierarchien eingezogen und Bereiche gebildet. Jetzt ändert sich auch die Aufgabenstellung für den Gründer: Er kann nicht mehr nur noch fachlich arbeiten, sondern übernimmt mehr und mehr Führungstätigkeiten.

Spätestens, wenn die Mitarbeiterzahl dreistellig wird, entwickeln auch Start-ups Zentrifugalkräfte. Je größer Unternehmen werden, desto stärker wirken diese Kräfte, desto stärker rücken Bereichsinteressen in den Vordergrund, und das Gesamtziel verschwimmt. Wir haben das Thema bereits im Kapitel Alignment angerissen.

Je weniger Identifikation mit dem Ziel, desto größer muss der Einfluss von Führungspersonen sein.

Bereichsinteressen oder Silobildung erklären, warum die großen Unternehmen sehr gute Optimierer von bestehenden Technologien und Grundlagenforscher sind, aber Innovationen, die die Spielregeln verändern, regelmäßig von kleinen Unternehmen oder scheinbar unterlegenen Marktbegleitern kommen. Das ist logisch: Großunternehmen haben hervorragende Entwicklungsabteilungen mit einem großen Budget. Gemeinsam mit den mächtigen Produktverantwortlichen stemmen sie die mühsame Aufgabe, die erfolgreichen Produkte zu optimieren.

Kommt ein pfiffiger Entwickler mit einer Idee, die eben diese erfolgreichen Produkte kannibalisieren könnte, dann läuft er frontal gegen eine Wand von Einzelinteressen an. Die Kollegen sehen ihr Arbeitsgebiet und ihre Erfolge gefährdet, der Produktmanager wird am Erfolg der jetzigen Produkte gemessen. Nicht genug, dass der Wettbewerb ihn quält, jetzt arbeitet noch das eigene Haus gegen ihn.

Beispiele? IBM hatte bereits in den 1970er-Jahren die Technologie für den PC, aber das Kerngeschäft war der Verkauf von Großrechnern. Als Apple, Commodore, Atari und all die anderen vergessenen Pioniere erst die Hobbykeller von Technikfreaks und dann die Kinderzimmer eroberten, griff bei IBM die Omertà: Das sind Spielzeuge, die Zukunft sind noch größere Großrechner. Erst als diese Kleincomputer sich vernetzen konnten und immer häufiger in Büros eingesetzt wurden, kippte die Stimmung, weil es nicht mehr möglich war, die neuen Spielregeln zu ignorieren. In einer Hauruck-Aktion warf IBM den ersten PC auf den Markt. Andere Großunternehmen folgten. Einfache Regel: Wenn der Platzhirsch auf die neue Technologie setzt, dann müssen wir das auch.

Im Rückblick sind sie alle gescheitert, weil der Innovationsrhythmus dieser Unternehmen in Jahren gemessen wird und in der PC-Industrie in Monaten. Übrigens: Schauen Sie einmal, wie Dell, über viele Jahre der weltgrößte PC-Hersteller, auf Smartphones und Tablet-PCs reagiert hat und wie sich der Umsatz des Unternehmens seitdem entwickelt.

Der Common-Rail-Diesel ist ein wunderbares Gegenbeispiel für Innovationen der deutschen Großindustrie, oder nicht? Nein, er wurde in Italien entwickelt, und Alfa Romeo war der erste Hersteller, der diese Technologie in Serienfahrzeugen einsetzte. Die deutsche Industrie setzte auf ein anderes Prinzip, nutzte aber eine der notorischen Schwächephasen von Fiat, um die Technologie zu kaufen und zu optimieren.

Die Liste lässt sich beliebig weiterführen: Amazon und Zalando sind eben keine Erfindung erfolgreicher Versandhäuser. Führen wir das Argument zu Ende: Großunternehmen leisten zwar hervorragende Grundlagenforschung, weil diese kein bestehendes Produkt direkt gefährdet - genau aus diesem Grund entstehen daraus aber auch keine neuen Produkte.

Das deutsche Unternehmen Telefunken präsentierte 1968 eine „Rollkugel" für die Dateneingabe von Rechnern. 1973 entwickelte das Palo Alto Research Center von Xerox eine Kugelmaus und eine grafische Oberfläche. Erst als Apple diese Technik lizenzierte und 1983 zusammen mit dem Computermodell Lisa verkaufte, wurde die Maus zu einem unverzichtbaren Utensil für die folgenden Milliarden von PCs.

Wenn die Bereichsziele wichtiger werden als das Gesamtziel, dann wird ein Unternehmen innovationsfeindlich. Bereichsinteressen unterlaufen die Unternehmensstrategie, und sie gefährden die Zukunftsfähigkeit eines Unternehmens. Das ist nicht besonders neu, und es gibt verschiedenen Möglichkeiten, das zu verhindern. Eine ist die Zentralisierung aller Entscheidungen.

Zentralismus steigert Führungskomplexität.

Allerdings greift da wieder das Komplexitätsthema: Mit der Zahl der Schwarmmitglieder wächst der Koordinationsaufwand quadratisch. Bei stark zentralisierten Unternehmen beschäftigt sich der Vorstand intensiv mit dem operativen Tagesgeschäft der einzelnen Bereiche. Dort warten die Führungskräfte geduldig, bis ihr Anliegen aus dem Tagesgeschäft von oben freigegeben wird. Darüber können schon einmal Wochen ins Land gehen.

Gleichzeitig wird allen Bereichen ein fremdbestimmtes Ziel vorgegeben, das wiederum zu Zentrifugalkräften führt, die mit Druck von oben gemindert werden müssen.

Gemeinsames Ziel schafft gemeinsame Linie und führt von „innen“.

Das Zugvogel-Prinzip setzt darauf, ein gemeinsames Ziel zu entwickeln, um die Zentrifugalkräfte entscheidend zu verringern. Wie bei unseren Jugendlichen ist das genau der Unterschied zwischen Klassenfahrt mit Lehrauftrag und Geocaching-Wettbewerb.

In Deutschland gibt es zahlreiche Hidden Champions, die von der breiten Öffentlichkeit weitgehend unbeobachtet Weltmarktführer sind und still vor sich hinwachsen. Oft setzen diese weltweit erfolgreichen Unternehmen genau diese Methodik unbewusst um. Sie suchen sich Führungskräfte, die voll und ganz hinter den – oft nicht einmal formulierten – Zielen stehen. Das brauchen diese Unternehmen auch nicht, wenn der Inhaber oder Geschäftsführer mit seinem Bauchgefühl immer wieder richtig liegt. Die Führungskräfte vertrauen seinen Entscheidungen und kopieren die Arbeitsweise ihres Chefs. Damit entsteht unbewusst das, was andere Unternehmen erst durch einen bewussten Prozess erzielen müssen: ein Strategie-Alignment.

Schwierig wird es, wenn ein Generationenwechsel ansteht und der charismatische Geschäftsführer abtritt. Dann fehlt dessen Bauchgefühl, und die Führungskräfte beginnen zu raten, was der alte Chef wohl entschieden hätte. Die größte Einigkeit finden die Führungskräfte bei den Mythen und Illusionen, ansonsten entwickeln sie schnell eine individuelle Auslegung der nicht formulierten Strategie.

Erfolgreiche Generationenwechsel in Unternehmen zeichnen sich dadurch aus, dass sie die Werte und Strategien der Gründergeneration gemeinsam mit den Führungskräften als Erfolgsfaktoren schriftlich niederlegen. Damit sind die Führungskräfte in den Zielfindungsprozess eingebunden. Danach muss die neue Geschäftsleitung eine grundsätzliche Entscheidung treffen: Will sie zentral mit detaillierten Aufgabenstellungen führen oder setzt sie auf eine eher dezentrale Kultur, bei der sie die Verantwortung für Ziele auf die nächste Führungsebene überträgt?

Beide Modelle funktionieren in der Praxis. Die Automobilindustrie, Bosch, Siemens oder die Großchemie beweisen, dass eine zentralistische Grundeinstellung durchaus alltagstauglich ist. Auf der anderen Seite sind diese Unternehmen keine Muster für Veränderungsfähigkeit und Reaktionsgeschwindigkeit. Gerade mittelständische Unternehmen müssen aber schnell und flexibel auf neue Rahmenbedingungen und Marktveränderungen reagieren.

Dazu ist in den meisten Fällen eine Organisation hilfreich, die alle Ideen und Potenziale der gesamten Mannschaft, die Schwarmintelligenz, erschließt. Das erreichen Unternehmen, indem sie erst ein gemeinsames, selbst definiertes Ziel aufstellen und sich für den Weg dorthin einige wenige, einfache Führungsregeln geben.

Schwarmintelligenz in Veränderungsprozessen nutzt die Kreativität und die Ideen der gesamten Führungsmannschaft und der Mitarbeiter aus. Sie setzt nicht auf Druck von oben, sondern auf die Einsicht, dass ein transparent hergeleitetes Ziel sinnvoll und wichtig ist. Wenn sich alle auf dieses Ziel fokussieren, ist schon eine Regel erfüllt, um eine V-Formation zu bilden: der ungestörte Blick auf das gemeinsame Ziel. Die andere Regel, den Auftrieb eines anderen zu nutzen, erfüllen wir durch den Teamansatz, der das Zugvogel-Prinzip durchzieht.

Sobald die beiden Voraussetzungen, gemeinsames Ziel und Teamansatz, erfüllt sind, ist es sinnvoll, mit einigen wenigen Regeln Selbststeuerungsmechanismen zu etablieren. Damit aktivieren wir die Schwarmintelligenz, reduzieren die Komplexität für die Geschäftsleitung und verhindern ein Stück weit das Mikromanagement.

**SCHWARMINTELLIGENZREGELN**

**Regeln für den Gesamtschwarm**

- Orientiere dich auf ein klar definiertes finanzielles Ziel, die Dynamische Lücke.
- Wenn die aktuellen Maßnahmen nicht ausreichen, geht der Schwarm auf Maßnahmensuche.

**Regeln für den Einzelnen**

- Arbeite bei der Maßnahmensuche an jedem Problem mit, bei der Umsetzung kümmere dich um deine Maßnahmen.
- Schätze das finanzielle Ergebnis deines Beitrags ab.
- Kümmere dich um deine Maßnahme mindestens genauso wie um das Tagesgeschäft.
- Berichte einfach und schnell über deinen Erfolg und verwende dafür das Kleeblatt.
- Wenn deine Maßnahme stockt, hole das Team zur Hilfe.
- Wenn du einen Fehler oder einen Widerspruch in den Maßnahmen findest, besprich das mit dem Team.

Diese Schwarmintelligenzregeln entlasten die Führungskräfte, können sie aber nicht ersetzen. Das gemeinsame Ziel gibt das „Wohin" vor, die einfachen Regeln das „Wie".

## 9.2 Führen lernen

Wie lernen Zugvögel die Regeln des Schwarms? Immerhin ist ja immer eine Reihe von Jungvögeln dabei, für die es die erste Reise ist. Die anderen haben die Regeln zwar schon mindestens einmal erlernt, aber im letzten Halbjahr nicht mehr geübt. Erinnern wir uns: Die Tiere sammeln sich, fliegen auf, üben die Formation und lassen sich wieder nieder. Das wiederholen sie immer wieder, sobald ein neuer Vogel zur Gruppe stößt. Kurz, sie lernen die Schwarmregeln im Flug.

Da sind wir Menschen gar nicht so anders. Fragen Sie einmal eine erfahrene Führungskraft, deren Stil Ihnen zusagt, wo sie führen gelernt hat. Die Antwort lautet meistens: „Das habe ich bei einem meiner Chefs abgeguckt. Wir mussten damals eine anspruchsvolle Aufgabe bewältigen, und dieser Chef hat uns viel Verantwortung übergeben und hat trotzdem immer den Überblick behalten."

Aber was ist denn mit Führungsseminaren? Die sind sinnvoll, um einen gewissen theoretischen Hintergrund zu vermitteln. Es gibt in einigen katholischen Gemeinden Pfarrer, die trauen Paare erst, wenn diese ein kirchliches Wochenend-Eheseminar absolviert haben. Das mag wertvolle Hinweise geben, aber bereitet es wirklich auf das wahre Leben vor?

Nicht, dass Führungsseminare überflüssig sind, das ist der Theorieunterricht beim Führerschein auch nicht. Hier lernen wir Regeln und Hintergrundwissen, ohne die wir im Straßenverkehr viele Fehler machen würden. Das Fahren lernt jeder nur hinter dem Steuer.

Einmal haben wir einem Freund und begeisterten Motorradfahrer ein Sportfahrertraining zum Geburtstag geschenkt. Erst zog er ein langes Gesicht. Darauf angesprochen, kam heraus, dass er dachte, seine Freunde hielten ihn für einen schlechten Fahrer. Erst als wir ihm erzählten, dass schon mehrere von uns das Training absolviert hätten, ließ er sich darauf ein. Kaum von diesem Lehrgang zurück, entpuppte er sich als Überzeugungstäter. „Du musst jede Kurve gleich von Anfang an richtig anfahren, dem Fahrzeug vertrauen, dann Arme locker und Blick klar auf den Kurvenausgang. Zu Anfang war es nicht perfekt, aber mit ein bisschen Übung hat es wunderbar geklappt. Alles eine Sache der Einstellung, und der Rest ist Technik." Da wir den Trainer des Sportfahrerlehrgangs vorher schon selbst erlebt hatten, erkannten wir auch dessen Überzeugungen zum Teil wörtlich wieder. Wir hatten in unseren abendlichen Gesprächen genau die gleichen Redewendungen benutzt – das hatte unser erst widerstrebender Freund komplett vergessen. Erst als er es selbst erfahren hatte, er die Kurven selbst gefahren war, blieb der Inhalt wirklich haften.

Die Vergessenskurve bei Seminaren und Schulungen ist mitunter beeindruckend hoch. Weiterbildungsprofis sprechen meist hinter vorgehaltener Hand davon, dass 70 Prozent des Lernens im Tagesgeschäft stattfinden und die restlichen 30 Prozent sich in Selbststudium und Seminar aufteilen. Was jedoch in der praktischen Arbeit einmal umgesetzt wurde, vergessen Menschen eher selten. Viele erfolgreiche Führungskräfte übernehmen die Führungsmethoden, mit denen sie selbst in der Vergangenheit geführt wurden. Das macht andererseits Veränderungen des Führungsverhaltens in Unternehmen mit geringer Fluktuation auch so schwer.

Nur erlebte Führung kann wirklich formen. Das Zugvogel-Prinzip vermittelt im Hintergrund eine Vielzahl solcher Erlebnisse: Es werden Werte wie Klartextreden und Offenheit, aber auch Disziplin und Umsetzungsgeschwindigkeit aktiviert. Es werden mit dem Führungsteam eine gemeinsame Zielfindung und das Ableiten von Maßnahmen entwickelt. Es wird Verantwortung für Ziele übertragen. Es werden Problemlösungsstrategien und das Überwinden von Umsetzungsschwierigkeiten erarbeitet. Die Teammitglieder wenden für sie neue Methoden an und erleben, dass sie damit Erfolg haben.

### Die Kunst des Delegierens – oder Führungskräfte führen

Führung ist eine Kunst, die man im Laufe einer Karriere nicht einmal lernt, sondern mehrfach. Größere Unternehmen bereiten in der Regel ihren Managementnachwuchs zumindest mit Führungsseminaren auf ihre erste Vorgesetztenrolle vor. Das ist meist eine Gruppenleiterfunktion im eigenen Fachbereich. Solange der jungen Führungskraft keine kapitalen Fehler passieren, die Gruppe keine Petition beim Betriebsrat oder Vorstand einreicht, kommt es vor allem darauf an, ein klar definiertes Sachziel zu erreichen. Für die nächste Beförderung ist das Erreichen des Sachziels entscheidend, nicht die Führungsqualitäten.

So erklimmen Manager eine Sprosse nach der anderen auf der Karriereleiter. Ihre Führungsgewohnheiten festigen sich. Dann kommt unweigerlich ein Bruch: Ab einer gewissen Stufe geht es nicht mehr darum, Mitarbeiter aus dem eigenen Fachbereich direkt zu führen, sondern Führungskräfte aus mehreren Abteilungen. Anders als vorher kann die Führungskraft nicht mehr die Details und Abläufe kennen. Sie muss lernen, dass sie nicht mehr direkt führen kann und darf, sondern von nun an andere Manager managen muss.

Wir alle kennen Beispiele, bei denen dieser Rollenwechsel nicht funktioniert hat. Da wurde ein hervorragender Techniker zum Entwicklungsleiter. Seine Gruppe hatte er sehr gut und zielorientiert geführt, hatte bei jedem Problem die passende technische Lösung parat. Jetzt war er aber nicht mehr der beste Spezialist, sondern musste auch Gruppen und Abteilungen leiten, für deren Themen er keine Expertise hatte. Als Abteilungsleiter hatte er jeden Arbeitstag im Büro damit begonnen, dass er seine Mitarbeiter zusammenrief und jeder kurz schilderte, was er an diesem Tag erreichen wollte. Abends machte er dann seine Runde und kontrollierte, ob die angekündigte Arbeit erledigt war.

Dieses Vorgehen übertrug er in seiner neuen Position auf die Abteilungsleiter seines Bereichs. Da diese keine messbaren individuellen Tagesziele hatten, insistierte er und forderte die Gruppenziele jeder Abteilung für diesen Tag an. Bei seiner Ernennung hatte ihm der Kaufmännische Leiter zugeraunt, dass er die Entwicklungsabteilung für einen Hort der Verschwendung hielte und dass er da gerne aufräumen würde. Unser neuer Entwicklungsleiter wollte unbedingt erfolgreich sein und nicht verschwenderisch. Also ordnete er an, dass jede Bestellung über mehr als 100 Euro über seinen Tisch läuft. Er forderte bei jeder größeren Bestellung umfangreiche schriftliche Unterlagen an, ebenso wie für jede inhaltliche Entscheidung.

Innerhalb kürzester Zeit hatte er seinen Arbeitstag mit banalen Routinetätigkeiten mehr als gefüllt und seinen Abteilungsleitern klar signalisiert, dass er ihnen nicht vertraut. Weil er sich aber geschickt bei der Geschäftsleitung verkaufte, begann ein Exodus der bisherigen Abteilungsleiter und Leistungsträger. Alle neu eingestellten Kräfte kannten es dann gar nicht mehr anders und arbeiteten in dem so geschaffenen veränderten Umfeld. Die Innovationskraft des Unternehmens war nachhaltig gebrochen.

## Manager anders führen als Mitarbeiter

Manager versuchen häufig, ihnen unterstellte Führungskräfte mit den gleichen Methoden zu führen, mit denen sie normale Mitarbeiter geführt haben.

Denken Sie an die Schulaufgaben von Kindern: In der Grundschule kontrollieren Sie als Eltern täglich die Hausaufgaben und finden jeden Fehler. Später hören Sie jeden Abend Englischvokabeln ab, lassen sich die Mathematikaufgaben zeigen, meiden aber relativ schnell Fächer wie Französisch oder Chemie. So ab dem neunten, zehnten Schuljahr sehen Sie nur noch die Klassenarbeiten, die Sie unterschreiben müssen, und die Zeugnisnoten.

In Krisenfächern werden Sie Unterstützung anbieten, aber vielleicht schnell merken, dass die Biochemie sich offensichtlich in den vergangenen Jahrzehnten erheblich weiterentwickelt hat. Also organisieren sie Nachhilfe.

In der Oberstufe hilft also kein Hausaufgabenkontrollieren, da ist Motivation gefragt und Unterstützung in Form von Sprachkursen oder Intensivnachhilfe. Bei den Abiturvorbereitungen können Sie helfen, den Tagesablauf zu strukturieren, Lerntechniken vermitteln, Ihre Hauptaufgabe aber ist es, zu motivieren und Stimmungstiefs zu überwinden. Hausaufgaben kontrollieren ist in dieser Phase nicht zielführend.

Übertragen Sie das auf den Unternehmensalltag. Mitarbeitern geben Sie eindeutige Arbeitsaufträge: „Stellen Sie eine Liste der Kosten zusammen. Diese Liste kontrollieren Sie auf Vollständigkeit und Logik.“ Bei Führungskräften geht es nicht mehr um Listen, sondern um Maßnahmen: „Um unser Unternehmensziel zu erreichen, müssen Sie das Produktportfolio erweitern. Ich erwarte drei neue Produkte innerhalb von zwölf Monaten.“ Sie delegieren nicht eine Aufgabe, sondern die

Verantwortung für ein Ziel, nämlich die Erweiterung des Produktportfolios. Das Ziel ist konkret beschrieben, und die Führungskraft erfüllt sie selbständig. Die Zielerreichung verfolgen Sie über Zwischenstände, und wenn absehbar ist, dass es Schwierigkeiten gibt, bieten Sie Unterstützung an.

### Transparenz kontrolliert effizient

Das Zugvogel-Prinzip geht grundsätzlich davon aus, mit einem bestehenden Team erfolgreich Veränderungsprozesse umzusetzen. Es gilt vor allem, ein Vertrauen zwischen den Teammitgliedern aufzubauen.

Veränderungen stellen Bestehendes infrage, verunsichern und erzeugen hochgradigen Stress. Das Zugvogel-Prinzip gibt der unsicheren Führungskraft feste Leitplanken und hilft beim Blick in die Zukunft. Der Blick in die Zukunft wird gestützt durch den Hochlauf der Härtegrade bei den Maßnahmen. Leitplanken setzen die Verfahren mit Kleeblatt, die Bewertung von Maßnahmen und der Ablauf der Workshops.

Gerade der Ansatz, mit dem bestehenden Führungsteam den Veränderungsprozess zu gestalten, gibt den Führungskräften einen fühlbaren Vertrauensvorschuss. Jetzt geht es darum, dass die Teammitglieder dieses Vertrauen auf ihre jeweiligen Führungsmitglieder ausdehnen:

- Das Vertrauen, dass Klartext nicht schaden kann.
- Das Vertrauen, dass Perfektion nicht von Anfang an da sein muss.
- Das Vertrauen, dass eine nicht realisierte Maßnahme kein Scheitern ist, sondern ein Nachfüllen auslöst.
- Das Vertrauen, dass sich selbst das größte Ziel in Einzelmaßnahmen auflösen lässt.
- Das Wissen, dass jede Reise mit Bewegung beginnt.

- Das Vertrauen, dass Disziplin hilft und nicht einschränkt.
- Das Wissen, dass Disziplin Methode braucht.
- Das Vertrauen, dass einfache Methoden Ausweichbewegungen sichtbar machen.

Gerade der letzte Punkt ist wichtig. Nichts ist frustrierender, als hart zu arbeiten und dann zu erleben, dass „Blender“ den Ruhm ernten. Ein transparentes, einfaches Reporting entlarvt diese Blender und stärkt das Vertrauen in das Gesamtteam. Alle machen mit und halten sich an die gleichen Regeln. Das macht individuelles Engagement sichtbar und führt zu einer gerechteren Verteilung von Anerkennung. Diese Transparenz führt in der Konsequenz dazu, dass nicht nur der Vorgesetzte die Einhaltung der Regeln kontrolliert, sondern die gesamte Gruppe.

Schauen Sie einmal bei Fußballübertragungen in das Internetangebot der Sender. Dort finden Sie alle statistischen Daten: Welcher Spieler ist wie viele Kilometer gelaufen, wer hatte wie viele Ballkontakte, wie viele Pässe eines Spielers waren erfolgreich. Sie können sicher sein, dass am Tag nach dem Spiel der Trainer genau diese Zahlen präsentieren wird. Eher lauffaule Spieler fallen gnadenlos auf.

Führungskompetenzen sind erlernbar.

Erinnern Sie sich an unseren Freund mit dem Sportfahrertraining? Zu Anfang war es nicht perfekt, aber mit ein bisschen Übung hat es wunderbar geklappt. Alles eine Sache der Einstellung, und der Rest ist Technik. Die Aufgaben einer Führungskraft nach dem Zugvogel-Prinzip sind:

- **Ziele setzen**

Ein Ziel beschreibt einen wünschenswerten Endzustand – das erreichen wir transparent durch die Methode der Dynamischen Lücke. Dieses Gesamtziel bricht das Zugvogel-Prinzip in Maßnahmen herunter, die wir mit dem Kleeblatt und einem einfachen Reporting diszipliniert nachverfolgen.

**SMART-ZIELE SETZEN**

Hinter dem Akronym SMART verbirgt sich eine empirisch abgesicherte Ergebnis- und Zielsetzungstheorie. Sie wurde 1990 von den Arbeitspsychologen Edwin Locke und Gary Latham entwickelt und entlarvt die Zielsetzung „Sie müssen besser werden" als untauglich. Vielmehr wiesen die Wissenschaftler nach, dass Ziele dann erfolgreich erreicht werden, wenn sie gleichermaßen anspruchsvoll und spezifisch sind.

SMART bedeutet:

- S – die Ziele sind spezifisch, also genau beschrieben.
- M – die Erreichung des Ziels ist messbar.
- A – Ziel ist Ansporn beziehungsweise anspruchsvoll.
- R – das Ziel ist realistisch, also auf Machbarkeit überprüft.
- T – das Ziel ist terminiert, hat also einen festen Endzeitpunkt.

Das Ziel heißt dann nicht mehr: „Sie müssen schneller werden." Das SMART-Ziel lautet vielmehr: „Verkürzen Sie bis zum Jahresende die Durchlaufzeit in der Auftragsbearbeitung vom Auftragseingang bis zur Einstellung in das Produktionsplanungssystem von fünf auf drei Arbeitstage."

- **Systeme schaffen**

  Die beste Führungskraft ist die, die im Tagesgeschäft nicht auftaucht. Ein Vater oder eine Mutter, die bei einem Abiturienten noch die Hausaufgaben kontrollieren, bereiten den jungen Erwachsenen nicht auf ein Studium vor. Ein General, der bei seinen Offizieren kontrolliert, ob die Stiefel ordentlich geputzt sind, hat keine Zeit, an einer Erfolg versprechenden Strategie für die nächste Schlacht zu arbeiten. Eine der wichtigsten Herausforderungen für Manager, die Manager führen, ist es, sich vom Alltagsgeschäft zu lösen. Sie müssen vielmehr Systeme schaffen, die das Tagesgeschäft weitgehend autonom regeln. Das erreichen sie bei Veränderungsprozessen nach dem Zugvogel-Prinzip durch das einheitliche Reporting im Kleeblatt, durch die Härtegradlogik und durch ein konsequentes Nachverfolgen. Nur so kann eine Führungskraft der ersten Ebene Zeit gewinnen für strategische Überlegungen, die das Unternehmen voranbringen.

- **Delegieren**

  Sinnvolles Delegieren erfordert eine Übereinstimmung über das Gesamtziel. Dann kann eine definierte Teilaufgabe in eigener Verantwortung gelöst werden. Sie geben einen Vertrauensvorschuss gegenüber der Führungskraft. Das steigert die Motivation erheblich. Die beauftragte Person entscheidet selbständig über den Lösungsweg und stellt die Ergebnisse dem Team vor. Die entsprechende Führungskraft muss selbst entscheiden, ob sie Unterstützung braucht. Die delegierende Führungskraft muss auf der anderen Seite den Projektfortschritt kontinuierlich beobachten und bei Abweichungen regulierend eingreifen.

- **Kontrollieren**

  Nur wenn alle wissen, dass keine Maßnahme übersehen wird, werden alle Maßnahmen konsequent verfolgt. Die einfache Berichterstattung aller Maßnahmen über die erwartete Wirkung und Härtegradlogik gewährleistet dies. Das Kleeblatt verhindert mit seiner Standardisierung Ausweichbewegungen und sorgt für eine Vergleichbarkeit des Fortschritts der jeweiligen Maßnahmen.

- **Mitarbeiter fördern**

  Das Zugvogel-Prinzip setzt eindeutig auf eigenverantwortliche Zielerreichung. Das fordert und fördert Führungskräfte wie Mitarbeiter. Sie erleben im Prozess, wie viel Energie sie freisetzen können, wenn das Gesamtziel transparent definiert ist und in Teilziele heruntergebrochen wird. Sie erleben, dass eindeutige Messgrößen und einfache Berichtsformate die Leistungsträger von den Folienkünstlern abheben. Die beteiligten Führungskräfte erleben ein neues Führungsmodell, das sie mit hoher Wahrscheinlichkeit auf ihren eigenen Verantwortungsbereich übertragen.

Veränderungsprozesse nach dem Zugvogel-Prinzip unterstützen Führungskräfte bei jeder dieser Aufgaben und bieten die Chance, die Führungskultur zu verändern. Sie erschließen die Schwarmintelligenz und Kreativität aller Mitarbeiter. Sie bieten den beteiligten Führungskräften die Gelegenheit, zu erleben, wie eine Zieldefinition SMART erfolgt und wie Delegation Freiräume für strategische Arbeit schafft.

## Literatur

Aronson, Elliot; Wilson, Timothy D.; Akert, Robin M.: *Sozialpsychologie.* Addison-Wesley 2008

Charvet, Shelle Rose: *Wort sei Dank. Von der Anwendung und Wirkung effektiver Sprachmuster.* Junfermann 1998

Cialdini, Robert: *Die Psychologie des Überzeugens. Ein Lehrbuch für alle, die ihren Mitmenschen und sich selbst auf die Schliche kommen wollen.* Huber 2009

Drotter, Stephen: *The Performance Pipeline. Getting the Right Performance at Every Level of Leadership.* Jossey-Bass 2011

Drucker, Peter F.: *Die Praxis des Managements.* Econ 1998

Fisher, Len: *Schwarmintelligenz. Wie einfache Regeln Großes möglich machen.* Eichborn 2010

# 10 Was sonst noch eine Rolle spielt

*Ziele aus der Bewegung heraus treffen –*
*oder wofür die Schwarmbildung noch gut ist*

## 10.1 Immer an Afrika denken

Nimmt ein Vogel eine Gefahr wahr, so kann er abrupt die Richtung wechseln oder mit hoher Geschwindigkeit vom Sturzflug in den Steilflug gleiten. Dadurch kann zwar die Schwarmformation kurzfristig durcheinandergeraten, aber sehr schnell wird die alte Formation wiederhergestellt und in Ruhe gemeinsam weitergeflogen. Wir wissen nicht, ob nicht vielleicht der eine oder andere Vogel noch an den Falken denkt, aber wir sehen, dass trotz der Störung schnell wieder Sicherheit in den Schwarm eingekehrt ist. Solange ein Schwarm überlebt, gibt es keine nachhaltigen Störungen. Steht ein Problem an, so muss es sofort gelöst werden, hätten die Vögel keine waghalsigen Manöver eingeleitet, so hätte der Falke erfolgreich zugeschlagen. Und hätte der Schwarm nicht schnell wieder zur alten Formation zurückgefunden, hätte dies die Zielerreichung infrage gestellt.

Menschen neigen dazu, Veränderung so lange vor sich herzuschieben, bis es gar nicht mehr anders geht. Diese Einschätzung ist aber zunächst einmal individuell höchst verschieden. Es gibt Frauen, die in Panik geraten, wenn die Waage mehr als 50 Kilo anzeigt, und sofort eine Diät einlegen. Es gibt Männer, die bei 130 Kilo immer noch keinen Anlass sehen, sich Gedanken über ihre Ernährungsgewohnheiten zu machen.

Diese Extreme finden sich genauso in Unternehmen: Da gibt es vom Shareholder-Value getriebene Manager, die sofort Kostensenkungsprogramme auflegen, wenn sie in einem Quartal die überzogenen Renditeerwartungen von Analysten verfehlen. Auf der anderen Seite akzeptieren andere Unternehmensleiter über Jahre hinweg ständig schrumpfende Gewinne, ohne sich die Frage zu stellen, ob sie ein grundsätzliches Problem innerhalb des Unternehmens haben.

Wir haben in diesem Buch das Zugvogel-Prinzip am Beispiel des schwierigsten und komplexesten Veränderungsprozesses geschildert: der Leistungssteigerung eines Unternehmens. Dieser Prozess umfasst alle Bereiche des Unternehmens und die gesamte Mannschaft. Er erfordert den höchsten Koordinationsaufwand und führt zu den größten Veränderungen. Aber das Zugvogel-Prinzip ist auf Veränderungsprozesse aller Art anwendbar.

Gehen wir dazu noch einmal kurz die wesentlichen Stationen durch.

Ein Unternehmen, eine Führungsmannschaft ist erst dann zu wirklichen Veränderungen bereit, wenn die Handlungsungleichung erreicht ist:

Schmerz · Zukunftsentwurf · erste Schritte
\>
Angst + Gewohnheit + Illusionen

Erst wenn das Produkt aus Schmerz, Zukunftsentwurf und ersten Schritten größer ist als die Summe aus Angst, Gewohnheit und Illusionen, durchbricht eine Gruppe die Handlungsbarriere. Das gilt für Unternehmen genauso wie für Organisationen oder private Gruppen.

Wir haben gezeigt, wie das Zugvogel-Prinzip beispielsweise den Schmerz fühlbar macht: Ausgehend von einem unbefriedigenden Ist, in diesem Fall Ergebnis, setzt sich ein Unternehmen ein Soll-Ziel. Wir schlagen dazu vor, sich am oberen Drittel im Branchenvergleich zu orientieren. Das allein reicht aber noch nicht. Erst wenn das Veränderungsteam die Dynamische Lücke berechnet hat, hat sie ein eindeutiges, in Euro messbares Ziel. Damit wird aus dem Schmerz eine konkrete Aufgabe, die mit Einzelmaßnahmen zu lösen ist.

Auf der anderen Seite ist es bei Unternehmen mit Ertragsproblemen scheinbar besonders einfach, diesen Schmerz fühlbar zu machen. Der Sinn von Unternehmen ist es, Geld zu verdienen. Erwirtschaften sie keinen Gewinn, haben sie keine Existenzberechtigung und verschwinden vom Markt. Dieser Logik kann sich niemand entziehen.

Wie soll dieser Ansatz funktionieren, wenn es nicht um das Überleben des Unternehmens geht, sondern um weniger existenzielle Veränderungen? Wenn ein IT-Unternehmen nicht mehr einzelne Lösungen neu entwickeln will, sondern eine Standardisierung anstrebt? Wenn es um eine Kulturveränderung von Premium zu massentauglicheren Produkten geht?

Das Zugvogel-Prinzip ist auf alle Veränderungen übertragbar.

Wenn wir als Bereichsleiter bei einer gemeinsamen Wanderung mit den Mitarbeitern nach zwei Kilometern schlappmachen, dann haben wir einen großen Schmerz. Wir haben uns bloßgestellt und wollen, dass so etwas nicht noch einmal vorkommt. Also treiben wir ab jetzt Sport, um im nächsten Jahr ganz vorne dabei zu sein. Wir setzen uns ein messbares Ziel: In einem Jahr halten wir einen Halbmarathon durch. Das ist messbar, und das Training lässt sich gut in Einzelmaßnahmen und Zwischenziele unterteilen.

Wenn wir uns vornehmen, wir wollen mehr Zeit mit der Familie verbringen, und es bei diesem allgemeinen Vorsatz belassen, wird sich in der Regel nichts verändern. In den ersten Wochen kommen wir vielleicht ein-, zweimal früher aus dem Büro zurück, aber dann verfallen wir wieder schnell in die alten Gewohnheiten. Erst wenn wir uns ein messbares Ziel setzen, beispielsweise grundsätzlich um 18:30 Uhr das Büro zu verlassen, am Wochenende keine Arbeit mit nach Hause zu nehmen, dann können wir Abweichungen eindeutig erkennen und abstellen. Ist das Ziel wichtig? Vielleicht nicht jetzt, aber wenn die Ehe in ein paar Jahren scheitert, dann ist es zu spät.

Ein finanziell erfolgreiches mittelständisches IT-Unternehmen scheiterte an einem selbst durchgeführten Veränderungsprozess. Das Unternehmen entwickelt sehr gute IT-Lösungen für große Kunden. Mit dem Erfolg war das Unternehmen deutlich gewachsen, und verschiedene Teams arbeiteten die Projekte getrennt voneinander ab. Dabei kam es immer häufiger vor, dass verschiedene Teams ähnliche Lösungen parallel entwickelten. Die waren aber jeweils so speziell, dass sie jeweils nur auf diesen einen Einzelfall passten. Die Unternehmensleitung hatte also beschlossen, ein zentrales Produktmanagement ins Leben zu rufen, das die Teams und die Entwicklungsabteilung des Unternehmens koordiniert.

Die Lücke identifizieren.

Es gab ein engagiertes Kick-off-Meeting und intensive strategische Diskussionen – aber nach einem Jahr hatte sich nichts verändert. Die Teams arbeiteten weiter getrennt vor sich hin. Der Produktmanager war frustriert und die anderen Beteiligten hatten sich aus dem Prozess ins Tagesgeschäft zurückgezogen. Die Unternehmensleitung stand vor einem Rätsel: Sie hatten doch gemeinsam das Ziel beschlossen, alle wollten doch mitmachen, warum ist die Veränderung gescheitert?

Die erste Analyse zeigte Offensichtliches. Das definierte Ziel war zu weich, ohne messbare Größen und konkrete Maßnahmen für den Einzelnen. Der Einzige mit einem klar definierten Auftrag war der Produktmanager. Aller andern sollten – irgendwie – zu seinem Erfolg beitragen. Da fiel es allen Beteiligten leicht, dem gemeinsamen Ziel zuzustimmen. Im weiteren Verlauf kümmerten sie sich um ihr Tagesgeschäft und ließen den Produktmanager rennen.

Veränderungsprozesse haben nur dann eine Chance, wenn die Beteiligten sich einig sind, dass der Ist-Zustand unbefriedigend und ein anderer, genau beschriebener Soll-Zustand wünschenswert ist. Ist-Zustand: Wir entwickeln parallel ähnliche Lösungen, das ist ineffektiv und hindert uns daran, noch erfolgreicher zu werden. Soll-Zustand: Wir entwickeln Standardlösungen, die wir kundenspezifisch nur noch anpassen müssen. Damit können wir deutlich mehr Projekte schaffen als bisher.

Das war im Groben doch genau das, was die Unternehmensleitung auch gesagt hatte. Stimmt. Aber es fehlte die Lücke zwischen den beiden Zuständen, denn erst sie definiert das Ziel, aus dem alle Beteiligten Einzelmaßnahmen ableiten können. Bei der Leistungsverbesserung setzt das Zugvogel-Prinzip nicht die Höhe des angestrebten Ertrages als Ziel, sondern die Dynamische Lücke zwischen Ist und Soll.

Was ist die Lücke bei unserem IT-Unternehmen? Es ist nicht wirklich die Einführung eines zentralen Produktmanagements, das die einzelnen Teams koordiniert. Das ist in Wirklichkeit ja nur eine organisatorische Umsetzung. Die messbare Lücke zum Soll-Zustand ist vielmehr das Ergebnis, das das Unternehmen in zwei Jahren mit Standardlösungen erzielen will. Hier muss das Team eine konkrete Zahl abschätzen, in diesem Fall hielten Teammitglieder einen Umsatzanteil von 30 Prozent des Gesamtumsatzes mit dem entsprechenden Profit für erreichbar. Das rechneten sie in Euro um und hatten ihre Lücke. Alle Beteiligten wurden von nun an daran gemessen, welchen Beitrag in Euro sie dazu leisteten, dieses Ziel zu erreichen.

Was muss das IT-Unternehmen tun, um dieses Ziel zu erreichen? Unter anderem erfordert es einige Organisationsänderungen, um überhaupt ein Standardgeschäft aufzubauen und die Teams zu koordinieren.

> Die Auswirkung von Veränderungen ist das Ziel.

Damit ist die Einführung des Produktmanagements kein eigenständiges Ziel, sondern eine notwendige Maßnahme. Welchen Beitrag bringt diese Organisationsveränderung? Er lässt sich eindeutig in eingesparten Entwicklerstunden und höheren Margen beziffern. Plötzlich steht hinter dieser Maßnahme ein Volumen von mehreren Millionen Euro – und da wird es auch für erfolgreiche Unternehmen richtig interessant.

Bei der Definition der Lücke geht das Zugvogel-Prinzip immer davon aus, die Auswirkungen der Veränderung als Ziel zu definieren. Die Veränderungen selbst sind damit nur Mittel zum Zweck. Damit unterläuft das Zugvogel-Prinzip ein Stück weit ein vorhandenes Bereichsdenken, denn das Ziel ist nicht die Organisationsveränderung, die eigene Kapazitäten womöglich abzieht, sondern ein messbarer Beitrag zum Unternehmenserfolg.

Trotz der gemeinsamen Zielfindung stand in unserem IT-Unternehmen das Veränderungsprojekt weiter auf der Kippe. Erst in Einzelinterviews zeigten sich die Illusionen und Mythen, die den Veränderungsprozess im ersten Anlauf ausgebremst hatten. Die Führungskräfte wussten, dass die Entwicklung so viel mit der Beseitigung von kundenspezifischen Schwierigkeiten zu tun hatte, dass sie das Produktmanagement gar nicht unterstützen konnte. Sie hatten es aber nicht angesprochen, „um nicht den positiven Spirit zu stören". Darüber hinaus kamen noch eine Reihe weiterer Themen zur Sprache. Erst als das Team dieses Omertà-Dilemma überwunden hatte, konnte der Aufbau eines starken Produktmanagements für Standardlösungen erfolgreich beginnen.

Das Ganze im Blick haben.

Wenn das gemeinsame Ziel definiert ist, geht es um eine gemeinsame Problemanalyse. Wie oft stößt die Unternehmensleitung Veränderungen in einem Bereich an und stellt hinterher fest, dass es gravierende Nebenwirkungen nicht beachtet hat? Da wird ein neues IT-System eingeführt, und plötzlich sind die historischen Daten, die Kundenbestellungen der vergangenen Jahre, nicht mehr abrufbar. Der Vertrieb verzweifelt, weil die Kunden sich darauf verlassen hatten, dass sie einfach die Bestellungen wiederholen.

Da strukturiert ein Unternehmen den Vertrieb um und löst die zentrale Abteilung auf, damit die einzelnen Vertriebsleute bundesweit vom eigenen Büro zu Hause aus näher am Kunden sind. Das schneidet den Informationsfluss zwischen den Vertriebsleuten und dem Werk ab. Kundenprojekte laufen plötzlich deutlich zäher, weil ein Großteil der Vertriebsaufgaben eben nicht beim Kunden anfällt, sondern in der internen Koordination in der Zentrale besteht.

Bei allen Veränderungen macht es Sinn, die Auswirkungen auf andere Bereiche vorab abzuschätzen. Das kann ein Geschäftsführer ab einer gewissen Firmengröße nicht mehr im Alleingang. Darum ist es stets sinnvoll, das ganze Führungsteam einzubinden und gemeinsam das Problem und die Auswirkungen der Lösungen zu analysieren. Unter der Voraussetzung, dass das Omertà-Dilemma überwunden ist und das Team Klartext miteinander redet, werden die Nebenwirkungen schon vorab deutlich.

In der Handlungsungleichung tauchen zu Recht erste Schritte auf. Tempo aufnehmen ist ein wesentlicher Bestandteil von Veränderungsprozessen nach dem Zugvogel-Prinzip. Wenn Sie sich vornehmen, mehr Sport zu treiben, und in den nächsten 14 Tagen nicht einmal ins Schwitzen kommen, dann bleibt es bei dem Vorsatz. Erst wenn der Schmerz wieder steigt, öffnet sich ein neues Fenster, um das Verhalten zu ändern.

Wir haben hierfür eine einfache Daumenregel entwickelt. Wenn nach dem Start des Veränderungsprozesses in den ersten drei Monaten keine Maßnahmen umgesetzt worden sind, stehen die Chancen auf Erfolg sehr schlecht. Betrachten Sie unter diesem Aspekt einmal Change-Prozesse in Ihrem Umfeld.

Disziplin statt Detailplanung.

„Strukturieren wir das Veränderungsthema und planen erst einmal ordentlich, welche Ressourcen wir brauchen, und dann holen wir die Leute an Bord“, so oder so ähnlich gehen Unternehmen gewöhnlich vor. Erst perfekt planen und dann erstaunt sein, dass das Ergebnis von der Planung abweicht. Das Zugvogel-Prinzip schlägt einen anderen Weg ein: Wir definieren eine messbare Lücke und leiten daraus Maßnahmen ab. Ohne zentrale Planung. Wir schöpfen den Ideenreichtum innerhalb der Organisation damit wesentlich besser aus.

Bei der Umsetzung setzen wir auf einfache Regeln und erzeugen damit eine hohe Disziplin. Aus den Einzelmaßnahmen entsteht eine Planung, und das ist bei Veränderungsprozessen auch der richtige Weg. Anstelle von starrer Detailplanung zu Beginn führen wir die Härtegradlogik ein. Das Arbeiten mit Schätzungen und Arbeitshypothesen beschleunigt das Tempo und erschließt immer wieder Maßnahmen, die bei einer perfekten Vorabplanung wahrscheinlich durchgefallen wären. Die einzelnen Maßnahmen ähneln viel eher einem vorsichtigen Herantasten an die Lösung – mit Irrtümern und neuen Erkenntnissen.

**DER NEUSTART ALS CHANCE**

Ein Zugvogel-Schwarm übt die Formation sehr häufig. Erst wenn der Schwarm stabil ist und die einzelnen Tiere die Schwarmregeln umsetzen, geht es auf die große Reise.

Das gilt auch für erfolgreiche Veränderungsprozesse. Solange die Handlungsbarriere, aus welchem Grund auch immer, nicht durchbrochen wurde, enden die meisten Veränderungen in einem ungeordneten Geflatter über stets der gleichen Stelle. Es gibt immer das beliebte Beraterargument: Ein Unternehmen hat nur dreimal die Chance, Veränderungen durchzusetzen, danach ist es immun.

Wenn ein Unternehmen schon mehrfach erfolglos versucht hat, kundenorientierter zu arbeiten, wird es jeder weitere Versuch schwer haben. Aber darum ist er nicht von Anfang an zum Scheitern verurteilt. Sicher wird hier eine größere Anstrengung notwendig sein, die rechte Seite der Ungleichung zu verkleinern: Ängste aufzulösen, Gewohnheiten zu verändern und Illusionen zu enttarnen. Gleichzeitig können wir die linke Seite vergrößern, indem wir den Schmerz fühlbar machen, einen Zukunftsentwurf mit dem Team erarbeiten und erste Schritte gehen.

Viele Veränderungsprojekte scheitern an einem anderen Punkt: der fehlenden Veränderungsbereitschaft der Geschäftsleitung für das eigene Führungsverhalten. Wenn sie bislang immer Ausweichmanöver zugelassen hat, dann erfordert es eine enorme Anstrengung, dieses Verhaltensmuster dauerhaft zu verändern. Hier helfen nur einfache Regeln, an die sich alle Führungskräfte halten müssen.

---

Das Tagesgeschäft ist ein hungriges Monster.

---

In einem amerikanisch geführten Unternehmen fiel einmal der Satz: „Das Tagesgeschäft verspeist die Strategie zum Frühstück und Veränderungen zu Mittag." Dieser Satz enthält viel Wahrheit. Immer wieder erleben wir den Konflikt zwischen Tagesgeschäft und Mitarbeit am Veränderungsprozess.

Einfache Führungsregeln helfen, effizienter zu führen. Doch es reicht nicht, diese Regeln als theoretisches Konstrukt in die Organisation zu tragen, sie müssen vorgelebt werden. In unseren Veränderungsprojekten leben wir sie im Veränderungsteam vor. Dort coachen wir die Teilnehmer gezielt. Die meisten übertragen dieses Verhalten auch auf ihr Tagesgeschäft und prägen damit neue Verhaltensmuster für die anderen Führungskräfte. Veränderungsprozesse nach dem Zugvogel-Prinzip wirken sich auch immer auf die Führungskultur eines Unternehmens aus – und das ist gut so.

## 10.2 Kultur messbar machen

Der englische Wissenschaftler Charles Percy Snow hat Mitte des vergangenen Jahrhunderts den Begriff der zwei Kulturen geprägt: auf der einen Seite die geisteswissenschaftlich-literarische und auf der anderen Seite die naturwissenschaftlich-technische Kultur. Seine düstere Analyse lautete, dass die beiden Kulturen sich so diametral gegenüberstehen, dass eine gemeinsame Verständigung nicht mehr möglich sei.

Diese Analyse mag interessant und spannend sein, ist aber im Ergebnis falsch. Was fehlt, sind in Wirklichkeit gemeinsame Messgrößen und Wertmaßstäbe. Sind die vorhanden, dann können die beiden Kulturen sich durchaus verständigen, gemeinsame Ziele definieren und sich dabei gegenseitig befruchten.

Auch in Unternehmen prallen die beiden Kulturen mitunter heftig aufeinander, besonders oft beim Thema Unternehmenskultur. Für die in den meisten Unternehmen dominierenden Führungskräfte mit naturwissenschaftlich-technischem Hintergrund, ist Unternehmenskultur bestenfalls ein Modethema.

Das Interesse dieser Führungskräfte kann vielleicht durch die Präsentation von Studien, die einen starken Zusammenhang zwischen Unternehmenskultur und finanziellem Erfolg dokumentieren, geweckt werden. Dann kommt aber eventuell ein „Na, dann ändern Sie einmal die Kultur, ich mach sogar ein Budget dafür frei – aber halten Sie mich da raus, ich habe keine Zeit für so weiche Themen“.

Die Trennung zwischen harten und weichen Themen im Unternehmen ist künstlich herbeigeführt. Diese Trennung ist auch ein Ergebnis davon, dass die beiden Kulturen zunächst keine gemeinsamen Messgrößen haben. Das heißt aber nicht, dass die scheinbar weichen Themen nicht auch massiven Einfluss auf die harten Themen haben können. Der Eisberg, mit allen versteckten Konflikten und Überzeugungen, kann Maßnahmen so lange verhindern, bis es sehr, sehr teuer wird.

Nehmen wir einmal den Mythos Premium unter die Lupe. Das ist der Anspruch, mit überragenden Produkteigenschaften und hoher Qualität einen Aufpreis am Markt erzielen zu können. In vielen Unternehmen ist dieser Mythos tief verankert, und die Mitarbeiter sind überzeugt, dass Premium die entscheidende Erfolgsgröße ist. Alle Produktentwicklungen, alle Prozessabläufe werden auf dieses Ziel ausgerichtet. Da wird auch gerne einmal die Bearbeitungsgenauigkeit noch ein Stück höher gesetzt, obwohl es keine funktionalen Auswirkungen hat – Premium eben. Da werden Bauteile tief im Innern des Produktes teuer selbst entwickelt und in kleinster Stückzahl hergestellt, obwohl es am Markt dafür wesentlich günstigere Alternativen gibt. Aber wir sind doch Premium, das will der Kunde so.

Manchmal starten solche Anbieter den Versuch, eine Niedrigpreisvariante zu vermarkten. Das kann betriebswirtschaftlich sinnvoll sein, und die harten Fakten sprechen eindeutig dafür. Aber die weichen Faktoren verurteilen den Versuch oft zum Scheitern. Die Entwickler fühlen sich unterfordert und schmuggeln ein paar Zusatzfunktionen hinein, der Einkäufer setzt aus Prinzip nur auf etablierte Zulieferer, und die Produktion legt die gleichen Qualitätsmaßstäbe wie bei den teuren Varianten an. Das Ergebnis: Die geplanten Kosten für die Niedrigpreisvariante schießen durch die Decke, und der anvisierte Kaufpreis wird massiv verfehlt. Die Folge: eine weitere Premiumvariante mit geringen Stückzahlen neben all den anderen im Produktportfolio.

Auf die Frage, woran das Projekt gescheitert ist, kommt die Antwort, dass es beinahe geklappt hätte, wenn die Stückzahlen schnell angewachsen wären, aber dafür habe man nicht den richtigen Vertrieb. Der Hinweis, dass vielleicht Mythen und falsche Heldengeschichten die Ursache sein könnten, stieß auf Unverständnis.

Kulturveränderungen sind nicht das primäre Ziel des Zugvogel-Prinzips, aber fast immer eine unmittelbare Folge. Das sinnvolle Veränderungsziel für den Premiumhersteller ist es, einen Umsatzanteil für Niedrigpreisvarianten zu definieren. Von da an können alle Unternehmensbereiche dazu beitragende Maßnahmen definieren und in Euro beziffern. Dann ist für alle nachvollziehbar, wo die Kostentreiber sitzen und welche Premiumansprüche auf neue Produkte nicht passen.

### UNTERNEHMENSKULTUR MESS- UND VERGLEICHBAR MACHEN

Auch eine Unternehmenskultur kann mit klaren Kriterien definiert werden. Der niederländische Professor Geert Hofstede hat mit einer aufwendigen empirischen Forschungsarbeit acht Kulturdimensionen herausgefiltert. Sie beschreiben die Kultur jedes Unternehmens. Dabei ist damit keine Wertung der Unternehmenskultur verbunden, vielmehr misst Hofstede mit seinen acht Dimensionen, ob sie funktional oder weniger funktional ist, oder anders, wie gut sie das Erreichen des Unternehmensziels unterstützt.

**Dimension eins: Effektivität – Prozessorientierung versus Zielorientierung**

Wie definiert ein Unternehmen Effektivität? Dadurch, dass Ziele erreicht werden – auf nicht genau beschriebenen Wegen –, oder wenn die Prozesse eingehalten werden? Bei einem Hersteller von Großserien ist in der Regel der Prozess wichtiger, bei einem Anbieter, der seine Produkte und Leistungen eng auf den Kunden abstimmt, eher das Ziel.

**Dimension zwei: Kundenfokus – interne versus externe Orientierung**

Bei einer internen Orientierung werden Arbeitsabläufe nach unternehmensinternen Bedürfnissen gestaltet, bei einer externen Orientierung richten sich die Abläufe nach den Anforderungen des Marktes. An den Extrempunkten ist kein Unternehmen überlebensfähig, wichtig ist, welche Orientierung um wie viel stärker ausgeprägt ist.

**Dimension drei: Arbeitsdisziplin – lockere versus kontrollierte Arbeitsdisziplin**

Sie bestimmt den Grad an Selbstbestimmung im Arbeitsumfeld. Eine kontrollierte Arbeitsdisziplin äußert sich beispielsweise in Kleidungsvorschriften, Einschränkung der Eigenverantwortlichkeit und hoher Vorschriftendichte.

**Dimension vier: Lokale versus globale Einstellung**

Sie beschreibt, womit sich die Mitarbeiter vorrangig identifizieren: Stiftet die konkrete Aufgabe Sinn, ist die eigene Abteilung der Mittelpunkt oder definiert sich der Mitarbeiter eher als jemand, der in einer bestimmten Branche arbeitet?

**Dimension fünf: Offene versus abgeschlossene Organisation**

Offene Organisationen zeichnen sich dadurch aus, dass auch Mitarbeiter von Wettbewerbsunternehmen eingestellt werden und die Integration erleichtert wird.

**Dimension sechs: Mitarbeiterorientierung versus Aufgabenorientierung**

In mitarbeiterorientierten Unternehmen stellt die Managementphilosophie das Wohlergehen der Mitarbeiter in den Mittelpunkt, am anderen Extrem steht die reine Aufgabenorientierung, auch wenn es Nachteile für den Mitarbeiter mit sich bringt.

**Dimension sieben: Akzeptanz des Führungsverhaltens**

Die Dimension beschreibt das Verhältnis der Mitarbeiter zu ihrem direkten Vorgesetzten. Wie sehr akzeptieren Mitarbeiter, dass der Vorgesetzte hierarchische Anweisung gibt, und wie hoch ist die Forderung nach einem demokratischen Führungsstil.

**Dimension acht: Identifikation mit der Organisation**

Sie misst die Identifikation mit dem Unternehmen. Ob eine hohe Identifikation immer gut ist, sei dahingestellt, denn das fördert das Omertà-Dilemma.

Bei keiner der Dimensionen geht es um gut oder schlecht, sondern ausschließlich darum, zu erkennen, ob die aktuelle Unternehmenskultur hilft, den Geschäftszweck zu erreichen.

## 10.3 Alles ist strategisch

Das Zugvogel-Prinzip geht pragmatisch mit Strategieentwicklung und Strategiediskussionen um. Zunächst einmal beschreiben wir in diesem Buch den wohl komplexesten und schwierigsten Veränderungsprozess, die Leistungssteigerung eines Unternehmens. Gleichwohl ist selbst das eine operative Zielrichtung, die zunächst mit jeder sinnvollen Unternehmensstrategie kompatibel ist.

Ist ein Unternehmen mit der aktuellen Leistung nicht zufrieden, dann hat es mit hoher Wahrscheinlichkeit kein gemeinsames Zielverständnis – im Tagesgeschäft wie in der Strategie. Wir beginnen bewusst nicht mit einer grundsätzlichen Strategiediskussion, weil sie einer der mächtigsten Schubvernichter für Veränderungsprozesse ist. Ein Veränderungsprozess, der mit einer monatelangen Strategieentwicklung beginnt, verbraucht einen Großteil der Dynamik genau dort – obwohl wir alle Energie für die Umsetzung brauchen. Die ersten Schritte erfolgen erst in weiter Ferne, und bis dahin ist der Elan verpufft.

Überhaupt ist Strategie ein faszinierender Begriff. Sobald er in einer Gruppe von Managern fällt, teilen sie sich in zwei Lager. Für die einen ist Strategie der entscheidende Schlüssel zum Erfolg. Für die anderen ist sie ein Synonym für nutzlose Präsentationen, die keinen Beitrag zum Tagesgeschäft leisten. Diese Einstellung mag auch daher rühren, dass der Begriff Strategie seit einigen Jahren inflationär benutzt wird. Es gibt Marktstrategien, Wachstumsstrategien, Innovationsstrategien, Gewichtsreduktionsstrategien und Freundegewinnstrategien für Facebook. Gleichzeitig ist jeder schon mehrfach in seinem Berufsleben auf „strategische Projekte" gestoßen, die weniger strategisch als erfolglos waren.

Klassische Definitionen von Strategie nennen die geplante Verhaltensweise eines Unternehmens zur Erreichung eines mittelfristigen oder langfristigen Unternehmensziels. Gerade diese Planbarkeit wird in der Wissenschaft jedoch immer häufiger infrage gestellt, deshalb sind Prüfroutinen, ob die Strategie in die richtige Richtung geht, ein wichtiger Erfolgsfaktor moderner Strategien.

Der renommierte Strategie- und Managementprofessor Henry Mintzberg hat eine weitere nützliche Unterscheidung eingeführt und differenziert zwischen der beabsichtigten Strategie und der realisierten Strategie. Auch er greift die Lücke zwischen Anspruch und Realität auf. Eine Unterscheidung, die auch das Zugvogel-Prinzip nutzt. Die Härtegradlogik setzt bei jeder Maßnahme fünf Prüfroutinen ein und gleicht den Anspruch regelmäßig mit der zu erwartenden Wirkung ab.

Strategie in der Lösung finden.

Strebt ein Unternehmen Veränderungsprozesse an, dann ist es mit der aktuellen Situation nicht zufrieden. Was jetzt folgen muss, sind ein Soll-Zustand und eine Definition der Lücke. Das Zugvogel-Prinzip beginnt eben nicht mit einer Strategiediskussion, sondern mit einem Auftrag: der Verbesserung des Unternehmensergebnisses.

Alle weiteren Schritte zahlen auf eine nachgelagerte Strategieentwicklung ein: Das Überwinden des Omertà-Dilemmas verschafft dem

Unternehmen einen klaren Blick auf die eigenen Stärken und Schwächen, auf den Markt und auf die Kundenanforderungen. Das ist eine entscheidende Voraussetzung, um eine Strategie mit hohem Realitätsbezug zu formulieren.

Bei der Maßnahmenfindung stellt das Zugvogel-Prinzip drei grundsätzliche Fragen:

- Wo geben wir zu viel Geld aus? Dort inbegriffen: Wie sieht es mit der Wertschöpfungstiefe aus, wie mit den Kosten für Entwicklung, Herstellung und Vertrieb? Das sind durchaus strategierelevante Fragen.
- Weshalb nehmen wir nicht mehr Geld ein? Das hinterfragt Wachstumsmöglichkeiten, die Preisgestaltung, die Potenziale im Servicegeschäft – auch das typische Strategiefragen.
- Was macht unser Tun teuer? Diese Frage zielt auf die Prozesse und die gesamte Aufbauorganisation, eine Kernfrage für die Strategieformulierung.

Somit sammeln wir alle aktuellen Probleme ein und decken mit dem Problemnetz Wechselwirkungen auf. Vor allem erkennt das Unternehmen bei dieser Fragestellung die wichtigsten Hebel und Defizite für den Unternehmenserfolg. Auch das sind grundsätzliche Informationen und Erkenntnisse, die eine spätere Strategiediskussion prägen werden.

Bei der Maßnahmenumsetzung führen wir die Härtegradlogik mit ihren fünf Prüfroutinen ein. Wir vergleichen immer wieder die Zielerfüllung mit dem tatsächlich erreichten Stand. Eine Methode, die zunehmend auch bei modernen Strategiekonzepten genutzt wird. Was dann nur noch fehlt, ist die systematische Betrachtung der externen Marktfaktoren und Wettbewerber. Aber auch dazu werden in Veränderungsprozessen nach dem Zugvogel-Prinzip realistische Erkenntnisse und Einschätzungen gesammelt.

Damit erarbeitet ein Unternehmen während des Veränderungsprozesses die entscheidenden Informationen und Methoden für eine zielführende Strategiediskussion, an deren Ende eine realistische Strategie mit einem hohen Realitätsbezug steht.

Die Frage, ob ein Veränderungsprozess erst dann gestartet werden kann, wenn eine formulierte Unternehmensstrategie dahintersteht, ist akademisch. Unternehmen, die einen Veränderungsdruck spüren, weil das Ergebnis unbefriedigend ist, haben entweder ein Strategie- oder ein Umsetzungsproblem – oder beides.

Erst den Hebel Strategie zu betätigen bringt keinen Euro mehr Ertrag. Die Strategie wird zwangsläufig auf Basis der „offiziellen Wahrheiten“ formuliert und ist darum oft nur beschränkt hilfreich. Schlimmer noch: Stößt sie überhaupt Veränderungen in die richtige Richtung an?

Setzen wir den Hebel bei der Umsetzung, bei Veränderungen an, hat das zunächst keinen Einfluss auf die bestehende Unternehmensstrategie, wohl aber auf das Ergebnis des Unternehmens. Mehr noch, im Laufe der Veränderungsprozesse nach dem Zugvogel-Prinzip wird die Strategie implizit mehrfach auf Realisierbarkeit geprüft – und das ergebnisoffen. Trägt die Strategie, bleibt sie, wie sie ist. Stimmen Teile der Strategie nicht mit den Realitäten innerhalb und außerhalb des Unternehmens überein, dann müssen sie geändert werden – auf Basis von Fakten, die die gesamte Führungsmannschaft erarbeitet hat.

Die Reise jedes Jahr neu antreten.

Aufschwung, Boomphase, Abschwung und Rezession – Frühling, Sommer, Herbst und Winter. Konjunkturzyklen sind wie die Jahreszeiten. Es kann auch einmal milde Winter und verregnete Sommer geben, aber der Rhythmus ist stets der gleiche. Die Zugvögel brechen seit Millionen von Jahren zweimal pro Jahr zu einer großen Reise auf. Dieses Verhalten hat sich in der Evolution durchgesetzt, um den Erhalt der Art zu gewährleisten.

Unternehmen, die einmal ihre Leistung mit dem Veränderungsprozess nach dem Zugvogel-Prinzip verbessert haben, verändern fast immer anschließend ihre Budgetplanung. Sie brechen von da an jedes Jahr zu einer großen Reise auf, sie definieren gemeinsam eine Lücke, suchen entsprechende Maßnahmen und setzen sie mit hoher Disziplin um. Darum finden sie sich regelmäßig im oberen Drittel des Branchenvergleichs wieder – für ein Unternehmen die beste Absicherung der Zukunft.

## Literatur

Hofstede, Geert; Hofstede, Gert Jan: *Lokales Denken, globales Handeln. Interkulturelle Zusammenarbeit und globales Management.* dtv 2011

Hofstede, Geert; Hofstede, Gert Jan; Minkov, Michael: *Cultures and Organizations. Software of the Mind.* 3. Auflage, McGraw-Hill 2010

Scheuss, Ralph: *Handbuch der Strategien. 220 Konzepte der weltbesten Vordenker.* Campus 2008

# 11 Epilog – oder das Tagebuch des Ornithologen

Ornithologen erforschen das Verhalten von Zugvögeln oft über einen langen Zeitraum und zunehmend mit komplexen technischen Methoden. Sie notieren ihre Beobachtungen in einem Tagebuch, das sie später für die systematische Forschung auswerten. Auch wir haben bei jedem Projekt ein solches Tagebuch geführt. Nachfolgend finden Sie die Beobachtungen und Bemerkungen eines realen Veränderungsprozesses zur Leistungssteigerung eines Unternehmens nach dem Zugvogel-Prinzip.

*Beobachtungsreihe 25*

*Spezies: Maschinenbauunternehmen*

*Aufgabe: Leistungssteigerung*

## Woche 1 – Der erste Kontakt

Termin mit einem Geschäftsführer eines Maschinenbauunternehmens. Ausgangslage: Premiumhersteller mit rund 170 Millionen Euro Umsatz, der aber seit mehreren Jahren stagniert. Zielvorstellung des Geschäftsführers: kurzfristig eine Umsatzrendite von zehn Prozent und in den nächsten drei Jahren eine Umsatzsteigerung auf 250 Millionen Euro. Ambitioniert, aber realistisch. Wir stellen das Zugvogel-Prinzip mit seinen Methoden vor und schätzen mit ihm gemeinsam die Dynamische Lücke ab: 26 Millionen Euro. Er ist überrascht. Wir vereinbaren eine Zusammenarbeit.

Wir definieren den Umfang des Projekts und legen mit dem Geschäftsführer die Mitglieder des Change-Teams fest: er selbst, der kaufmännischen Leiter, Leiter Produktion (Supply Chain), Leiter Entwicklung, Leiter Vertrieb, Leiter Service, Produktbereichsleiter A, Produktbereichsleiter B und der Assistent des Geschäftsführers. Neun Personen, eine gute Größe für Gruppendiskussionen.

## Zum Forschungsobjekt

Ein konzernverbundener Maschinenhersteller mit eigener Marke und autarker Organisation. In den 1990er- und Anfang der 2000er-Jahre extrem erfolgreich im Hochpreissegment eines Massenmarktes mit sehr guter Reputation – die Kunden akzeptierten Lieferzeiten von mehr als einem Jahr. Die angestammten Marktsegmente sind aber teilweise aufgrund externer Marktveränderungen weggebrochen, technische Differenzierungsmerkmale sind aufgeweicht. Seit mehreren Jahren erzielt das Unternehmen nur noch geringes Wachstum, und die Margen erodieren. Aktueller Status: schwarze Null. Keine Synergien mit der Muttergesellschaft.

### Woche 2 – Verhaltensstudium

Wir starten mit den Einzelinterviews und strukturieren dazu die Gesprächsthemen.

In der Eröffnung der Einzelinterviews konfrontieren wir die Interviewten mit der Teamaufgabe und sichern Anonymität zu. Danach gehen wir durch alle Problemkreise und lassen die Interviewten häufig schätzen und Sachverhalte auf einer Skala von 1 bis 10 einordnen:

- Wie groß schätzen Sie das Problem des Unternehmens ein und wie ernst ist die Lage?
- Was sind die Kernprobleme des Unternehmens, des eigenen Bereichs, anderer Bereiche?
- Haben Sie erste Lösungsideen?
- Wie wahrscheinlich ist es, dass das Unternehmen die Probleme löst?
- Warum schafft das Unternehmen auch diesmal den Turnaround?
- Welche Lösungsversuche wurden bislang unternommen und woran sind die gescheitert?
- Wie schätzen Sie die Fähigkeit der Führungsmannschaft ein bei
  - Vertrauen,
  - Klartextreden,

  - Handlungsfähigkeit,
  - Führungsverhalten?
- Worauf sollte sich der Veränderungsprozess konzentrieren?
- Welche Befürchtungen haben Sie?

*Notiz für weiteren Prozess: Einige Gesprächspartner halten ein Festhalten an der Premiumstrategie für einen Irrweg. Die Produkte haben ein Preisniveau erreicht, das vom Markt nicht akzeptiert wird. Deshalb gibt es seit Jahren kaum Wachstum. Wichtiger Hinweis auf Omertà-Dilemma.*

Erzieltes Ergebnis: Wir haben die Gesprächspartner an das Einschätzen nach einer Bewertungsskala gewöhnt und durch die Fragen den Ablauf des Workshops angedeutet. Jetzt werden sich die Teilnehmer zu den angesprochenen Themen hoffentlich Gedanken machen.

*Anmerkung: Wir haben eindeutige Hinweise auf eine Lager-/Silobildung der Führungskräfte. Die Einschätzungen weichen teilweise extrem voneinander ab. Auf jeden Fall berücksichtigen!*

### Woche 4 – Die Handlungsbarriere durchbrechen

Heiße Phase. Wir haben einen zweitägigen Workshop auf ein Wochenende gelegt und ein Seminarhaus in 50 Kilometer Entfernung vom Werk gebucht. Damit erhöhen wir den Druck, denn wir weichen von den gewohnten Verhaltensweisen deutlich ab.

#### Samstag, 8:30 Uhr

Wie vorab besprochen, stellt der Geschäftsführer die Aufgabe vor:

- Ausgangslage,
- Problem Profit und Wachstum,
- Aufforderung zu neuem Denken.

Wir geben der Gruppe ein Feedback aus den Einzelinterviews. Großes Erstaunen, aber auch viel Nicken der Teilnehmer. Wir verdeutlichen

Differenzen bei den Fragen: Was halten die Teammitglieder für wichtig? Und: Wie ordnen sie ihr Unternehmen bei diesen Hebeln ein? Deutliche Abweichungen bei Produktportfolio, Qualitätsverbesserung und Verkaufsperformance (Bild 11.1).

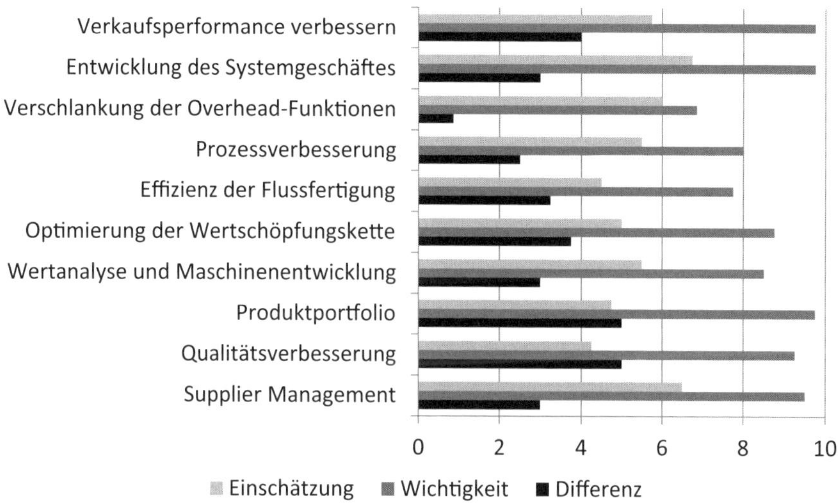


**Bild 11.1** Auswertung, welche strategischen Hebel wichtig sind und wie die Teammitglieder ihr eigenes Unternehmen dabei einschätzen (0 = unwichtig, 10 = sehr wichtig)

Wir sprechen die offensichtlichen Differenzen an.

- **Aussagen zu Produktportfolio:**
  - „Wir müssen das Portfolio konsequent reduzieren."
  - „Es fehlt an einer klaren Strategie, die uns hilft, Produkte abzulösen."
  - „Wir haben Angst, möglicherweise einen Kunden zu verlieren."

*Anmerkung: Teilweise heftige Diskussionen in der Gruppe, offensichtlich keine Gemeinschaftsmeinung – Lager-/Silobildung bestätigt.*

- **Aussagen zu Qualitätsproblemen:**
  - „Reklamationen werden schon seit zwei Jahren nicht behoben."
  - „Wir sind mit den Qualitätskosten 40 Prozent über Budget."

*Anmerkung: Teilweise heftiger Widerspruch aus der Gruppe - Lager-/ Silobildung bestätigt.*

Wir steigern die Unruhe und zeigen die Selbsteinschätzung zur Teamfähigkeit, deutliche Schwächen bei Strategie und Umsetzung (Bild 11.2). Wir präsentieren eine Detailauswertung der Einzelinterviews, die eine deutliche Silobildung belegt - verschiedene Lager verfolgen Eigeninteressen. Wir konfrontieren Gruppe mit der Aussage: „Was wir hier sehen und bis jetzt erlebt haben, zeigt, dass Sie nicht an einem Strang ziehen."

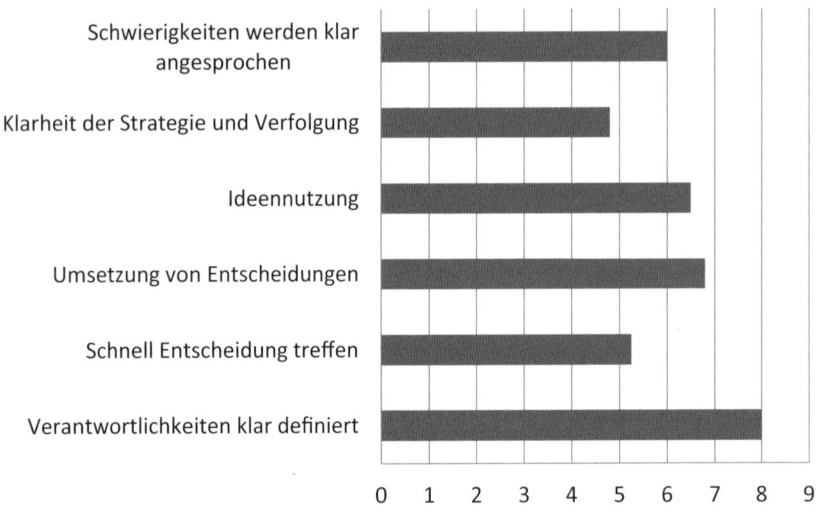


**Bild 11.2** Feedback über die Teammeinung zum Teamfähigkeitsbild (0 = nicht gegeben, 10 = voll erfüllt)

Wir führen das zirkuläre Feedback ein und bitten die Teilnehmer, die folgenden Aussagen auf einer Skala von 1 bis 10 zu bewerten:

- Wir sind radikal.
- Wir haben viele Ideen.

- Wir arbeiten miteinander.
- Wir reden Klartext.
- Wir sind mutig und groß genug.

Erstes Ergebnis: „Offenheit“ und „miteinander reden“ haben sehr niedrige Werte. Gut. Das macht ersten Schmerz fühlbar.

Wir stellen die Methode der Dynamischen Lücke vor und bitten das Team, die einzelnen Faktoren abzuschätzen. Zögerlicher Anfang, wird aber lebhafter, als sie merken, dass wir ihre Schätzungen ernst nehmen. Die Dynamische Lücke erreicht mit Zahlen des Teams 28,5 Millionen Euro. Jetzt ist der Schmerz deutlich fühlbar. Reaktionen reichen von Bestürzung bis zu ungläubigem Kopfschütteln. Allgemeines Schweigen.

Wir bieten erste Lösungen an und stellen die drei Problemfragen vor: Wie können wir mehr Geld einnehmen? Wo können wir sparen? Und: Was macht unser Tun teuer?

Teilnehmer sammeln für jede Frage Probleme. Sie füllen mehrere Pinnwände mit Problemkarten. Sehr unterschiedliche Sichtweisen passen zum herrschenden Lagerdenken. Auch nachdem wir die Probleme den Fragen zugeordnet haben, ist die Problemlage noch viel zu komplex.

*Anmerkung: Teilnehmer zeigen Lähmungserscheinungen und Zeichen der Überforderung. Lage wird brenzlig.*

Wir reduzieren die Komplexität durch das Problemnetz (Bild 11.3).

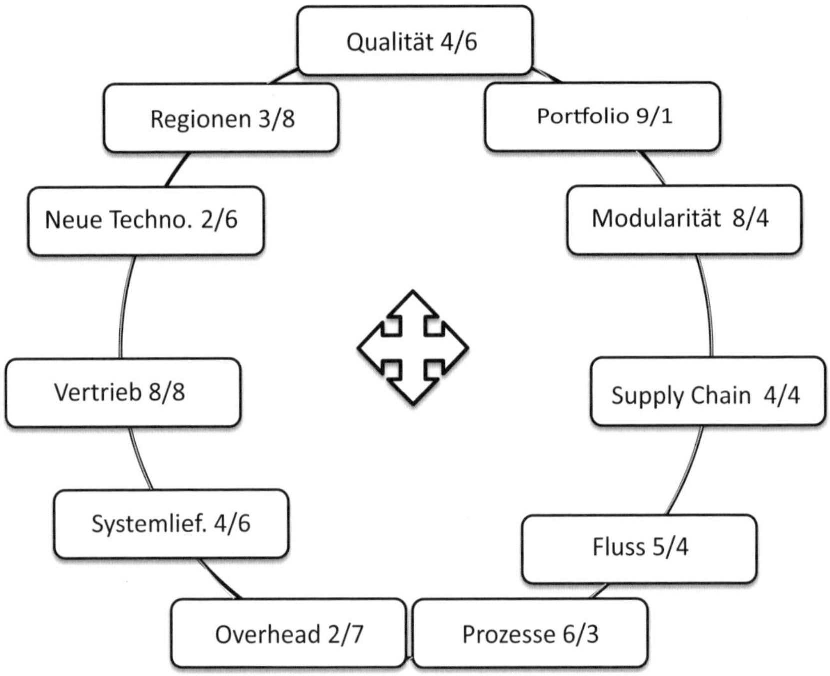


**Bild 11.3** Problemnetz deckt Quellprobleme und Symptome auf

Trotzdem bleibt die Problemaufdeckung schleppend und überaus vorsichtig. Endlich bricht ein Teilnehmer erstmals die Omertà: „Wir fangen ja alles möglich an und bringen es nicht zu Ende.“ Kurzes Erschrecken, dann Aufatmen und Zustimmung. Offenheit wächst deutlich an!

Ende des Workshops 21 Uhr.

Gemeinsamer Umtrunk. Jetzt werden wir in die Firmenmythen eingeweiht und hören Dutzende von Anekdoten. In Einzelgesprächen werden wir von Teilnehmern auf weitere Schwierigkeiten und verschwiegene Themen angesprochen. Wir ermutigen sie, dies am nächsten Tag anzusprechen, und sichern Unterstützung zu. Die Stimmung ist gemischt, einerseits sind die Teilnehmer erleichtert, dass sich der weitere Weg herausbildet, zum anderen wird die bevorstehende Aufgabe immer deutlicher, und das macht Angst.

### Sonntag 8:30 Uhr

Neuer Morgen, neues zirkuläres Feedback. Die Teilnehmer sind etwas positiver als am Vortag, aber immer noch von der Größe der Dynamischen Lücke und der Problemvielfalt schockiert. Zeit für erste Schritte.

Wir erklären die Härtegradlogik und die damit verbundenen Regeln. Die kreative Maßnahmensuche beginnt schleppend. Wir strukturieren die Probleme anhand der drei Problemfragen. Mäßiger Erfolg. Nach mehreren Durchläufen füllen 58 Maßnahmen mit Härtegrad 1 die Dynamische Lücke zu zwei Dritteln.

*Anmerkung: Die Gruppe ist außerordentlich ungeübt beim Schätzen von Einflüssen. Erst nach mehrmaligem Hinweis, dass wir nur über Härtegrad 1 reden, fassen die Teilnehmer Mut zu Schätzungen. Weitere Unterstützung notwendig.*

21 Uhr: Ausklang. Geschäftsführer macht wie besprochen eine Ansage: Alle tragen Mitverantwortung am Problem, aber wer jetzt mitmacht, „entschuldet sich“. Klare Aufgabe: Maßnahmen von Härtegrad 1 in Härtegrad 2 überführen. Terminfestlegung auf nächsten Workshop mit der Ankündigung, dort weitere Maßnahmen zu suchen.

#### Woche 5 – Berichtswesen einführen

Der Assistent des Geschäftsführers baut Berichtswesen gemäß Zugvogel-Prinzip auf und verteilt die Maßnahmen-Kleeblätter. Agenda des nächsten Workshops wird verteilt.

#### Woche 6 – Erste Schritte

Folge-Workshop im Werk. Jetzt geht es um reguläre Arbeit. Punkt 1: Vorstellung der Ergebnisse anhand des Kleeblatts. Zwei Führungskräfte kommen mit PowerPoint-Präsentationen außerhalb des Kleeblatts. Wir brechen ohne große Worte ab – nur keine negative Aufmerksamkeit vergeben. Die anderen haben das Kleeblatt ausgefüllt, sind aber teilweise noch auf Härtegrad 1. Na, da wartet noch viel Arbeit. Haben keine Erklärungen zugelassen, sondern gefragt, bis wann der Härtegrad 2 erreicht wird. Teilweise verstörte Reaktionen.

Leiter Produktion präsentiert, war bislang völlig unauffällig. Hat sieben Maßnahmen in Härtegrad 2 getrieben. Wie abgesprochen machen Geschäftsführer und wir ihn zum Helden. Er bekommt eine volle Stunde Präsentationszeit, und wir fragen ihn immer wieder bei Schwierigkeiten, wie er das Problem lösen würde.

*Beobachtung: Offensichtlich übliches Verhalten, Probleme aufzuschreiben, aber nicht daran zu arbeiten. Standardsatz: „Das müssen Sie differenziert sehen." Werden wir aufgreifen.*

Beim Mittagessen. Kellner fragt: „Fisch oder Steak?" Unsere laute Antwort: „Das müssen wir differenziert sehen." Lacher auf unserer Seite und Thema für das Essen bestimmt.

Punkt 2: Finden zusätzlicher Maßnahmen, um die Lücke zu füllen. Wir verändern die Spielregeln: Im ersten Workshop haben die Teilnehmer die Themen bestimmt, jetzt geben wir die noch nicht angegangenen Themen vor. Gefällt den Teilnehmern nicht.

Wir lenken den Fokus auf die Entwicklungsabteilung. Diskussion wird plötzlich sehr zäh, kaum Beteiligung. Wir insistieren und stochern. Wir sprechen an, dass die Teilnehmer bei diesem Thema blocken, und fragen, warum. Einmal, zweimal, dreimal. Endlich ein Befreiungsschlag. Einem Produktbereichsleiter platzt der Kragen. „Die Entwicklung bescheißt mich seit zwei Jahren und hält ihre Versprechen nicht ein." Stille. Keinerlei Wortmeldungen, rote Köpfe. Wir müssen eine Pause einlegen.

*Pausengespräche: Wir fragen Produktbereichs- und Entwicklungsleiter getrennt nach weiterem Vorgehen und empfehlen eine offene, aber sachliche Diskussion.*

Die Diskussion wird immer lebhafter. Haben ein Omertà-Dilemma offengelegt. Die Gruppe erzielt Einigkeit darüber, dass die Entwicklungsabteilung völlig losgelöst vom Unternehmen eigene Ziele verfolgt. Zirkuläres Feedback. Wert für Offenheit schießt nach oben, Radikalität nur wenig verbessert. Wir fragen nach, ob es noch etwas gibt? Zögern, dann spricht ein Teilnehmer endlich an, dass die Premiumstrategie vielleicht nicht mehr funktioniert. Wir gießen Öl ins

Feuer und informieren die Teilnehmer, dass fünf von ihnen in den Einzelinterviews Premium sehr kritisch gesehen haben. Jetzt geht es rund – innerhalb einer halben Stunde wird Premium beerdigt. Zirkuläres Feedback. Pause.

*Pausenbeobachtungen: Stimmung so gelöst wie noch nie, eindeutige Anzeichen von Erleichterung, dass endlich ein Tabu gebrochen ist. Ausnahme: Entwicklungsleiter. Wir bringen ihn mit dem Geschäftsführer zusammen, der verabredungsgemäß das Entschuldigungsangebot erneuert.*

Zurück im Meeting. Wert für Radikalität weit oben. Jetzt lenken wir wieder auf die notwendigen Maßnahmen. Gruppe entwickelt sehr gute neue Ideen. Wir ändern Fokus von „viele Ideen" auf „umsetzbare Ideen". Dynamische Lücke endlich gefüllt. Terminabsprache und klare Ansage von Geschäftsführer, dass er beim Folge-Workshop Ergebnisse erwartet. Der Schwarm formiert sich!

**Woche 9 – Disziplin einführen**

Wir treffen uns im dritten Workshop. Ändern die Fragen des zirkulären Feedbacks, um den Fokus auf Disziplin zu verschieben:

- Arbeiten wir schnell genug?
- Sind wir zielorientiert?
- Sind wir konsequent?
- Arbeiten wir diszipliniert?
- Arbeiten wir ergebnisorientiert?

Überraschung gelingt, die Teilnehmer wirken einen Augenblick verunsichert, die Werte sind im ausdruckslosen Mittelfeld.

Vorstellung der Maßnahmen durch die Teammitglieder – alle verwenden jetzt das Kleeblatt. Durchsprechen aller definierten Maßnahmen. Großer Anteil ist jetzt in Härtegrad 2 überführt.

Erstmals fordern Mitglieder des Teams Unterstützung oder Entscheidungen ein - sehr gut. Der Schwarm stabilisiert sich. Ein Teammitglied öffnet sich und beschreibt, dass eine kreative Idee enorme Nebenwirkungen hat. Heftige Diskussion. Die Gruppe entscheidet, die Maßnahme einzustellen. Gruppe nutzt Momentum, um zwei weitere Maßnahmen zu streichen. Wir bestärken das Team, fordern aber neue Maßnahmen in gleicher Dimension.

*Wir ziehen uns mehr und mehr aus der Diskussionsleitung zurück, und der Geschäftsführer übernimmt. Von jetzt an geht es darum, die Maßnahmen in Härtegrad 3 und in eine Projektstruktur zu überführen.*

### Woche 12 – Auf der Reise

Aus den Workshops werden zunehmend reguläre Besprechungen. Der Assistent des Geschäftsführers präsentiert zum ersten Mal die komplette Übersicht aller Maßnahmen mit Härtegrad und Effekt. Wir erhöhen den Druck. Er zeigt auch die individuellen Hochlaufkurven der Teammitglieder. Ein bisschen Wettbewerb tut immer gut.

*6. Workshop*

**Teilnehmer:** ............ ............

**Datum / Zeit:** 26.06.xxxx, 08:00 bis 15:30

**Ort:** Konferenzraum

| Nr. | Uhrzeit | TOP | Vortrag |
|---|---|---|---|
| 1 | 08:00 – 08:30 | **Aktuelle finanzielle Lage** | |
| 2 | 08:30 – 09:00 | **Bericht des Projekt-Office**<br>• Nachhalten von Maßnahmen & KPIs<br>• Entwicklung Maßnahmenwirkung<br>• Entwicklung Härtegrade<br>• Status Kleeblätter | Projekt-Office |
| 3 | 09:00 – 09:30<br>09:45 – 10:15<br>10:30 – 11:00<br>11:00 – 11:30<br>11:30 – 12:00<br>13:00 – 13:30<br>13:30 – 14:00 | **Berichte der Verantwortlichen**<br>• Welche Härtegrade sind hochgegangen?<br>• Bericht über zentrale Maßnahmen<br>• Bericht über gefällte Entscheidungen<br>• Bei welchen Schwierigkeiten brauche ich Unterstützung?<br>• Wo brauche ich eine Entscheidung?<br>• Was sind meine nächsten Schritte? | Jeder Verantwortliche |
| 4 | 14:15 – 15:00 | **Diverses**<br>• (Strategisches Thema XYZ) | ......................... |
| 5 | 15:00 – 15:30 | **Zusammenfassung und nächste Schritte** | |

**Bild 11.4** Typische Agenda eines Workshops zu Beginn der Umsetzung

Darauf haben einige Teilnehmer gewartet. Einer sagt erstmals offen, dass ein anderes Teammitglied seine Aufgaben nicht vollständig erledigt hat, und dass die Maßnahme deshalb stockt. Die Diskussion wird offener und die Gruppendynamik des Schwarms greift.

Die Moderation liegt jetzt komplett beim Geschäftsführer. Wir coachen einzelne Teammitglieder und helfen bei Konflikten. Wir arbeiten mit einzelnen Führungskräften intensiv an den Themen „Delegieren“ und „Zeitmanagement“. Noch zwei bis drei Workshops, und die Beobachtungsreihe ist beendet.

### Woche 20

Letzter Workshop der Beobachtungsreihe. Der Anteil der Entscheidungen und die Diskussion strategischer Fragen sind deutlich angewachsen. Der reine Informationsaustausch nimmt wie geplant stark ab. Das Team wird in der Selbststeuerung sicher und sorgt untereinander für Fokussierung und Ergebnisorientierung. Wir präsentieren zum Abschluss das zirkuläre Feedback über die gesamte Beobachtungsreihe (Bild 11.5).

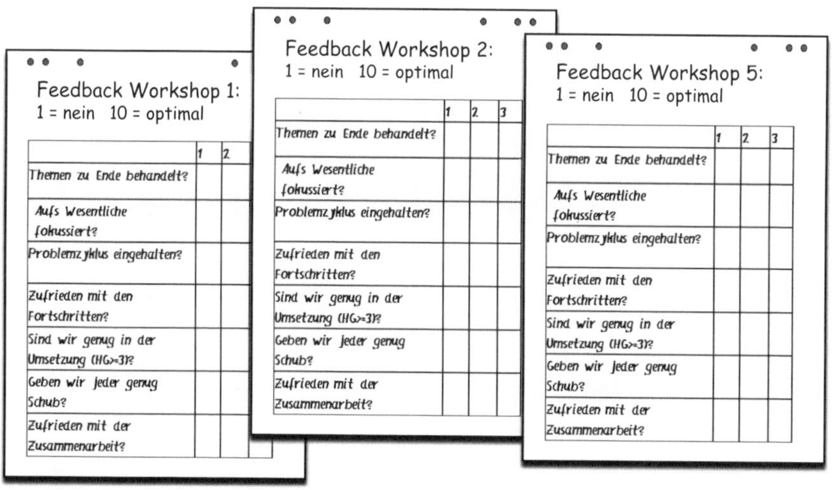


**Bild 11.5** Typisches zirkuläres Feedback über die gesamte Beobachtungsreihe

*Ende Beobachtungsreihe 25*

# Index

## N



## O



## P



## R



## S



## T



## U

## V



## W



## X



## Z

# Die Autoren

**Dr. Dietmar Straub** ist promovierter Physiker. Er trug unternehmerische Verantwortung als Bereichsvorstand bei Mannesmann und Siemens sowie im Vorstand der Knorr-Bremse AG. Als CEO der KraussMaffei AG führte er den Maschinenhersteller ohne Staatshilfe durch die Wirtschaftskrise. In seiner Laufbahn hat er vielfältige Veränderungs- und Verbesserungsprogramme umgesetzt. Er ist heute als Aufsichtsrat und Coach für Führungskräfte der ersten Ebene tätig.

**Dr. Frank Kuhnecke** ist seit seiner Promotion in kybernetischer Psychologie als Personal- und Unternehmensberater mit den Schwerpunkten Organisationsentwicklung und Coaching von Führungskräften tätig. Er hat fundierte Erfahrungen in der Strukturierung und im UmsetzungsCoaching von Change-Prozessen. Zu seinen Kunden zählen Microsoft, Ferrero, SAS, die KraussMaffei Gruppe sowie weitere Unternehmen aus dem IT-Bereich und der Industrie.

**Torsten Kirchmann** arbeitet nach dem Studium der Publizistik zunächst als Wirtschaftsredakteur und wechselt danach in die Unternehmenskommunikation. Nach Stationen bei der Bayer AG, Leybold AG und der Mannesmann AG gründet er 2000 eine eigene PR-Agentur mit dem Schwerpunkt der Kommunikation für die Industrie. Dabei unterstützt er häufig oberste Führungskräfte bei der Change-Kommunikation.